园林植物造景

主　编　汤　鑫

副主编　李　腾　李　涛

参　编　李　烨　张　欣　孟宪民
　　　　韩全威　王　超

北京理工大学出版社
BEIJING INSTITUTE OF TECHNOLOGY PRESS

内 容 提 要

本书基于理论与实践的一体化教学目的编写而成，理论部分主要阐述植物造景基本理论和技能，主要包括园林植物造景的认识、园林植物的观赏特性、园林植物造景的基本法则、园林植物配置基本形式、园林植物景观的空间营造、园林植物与其他景观要素的组景设计、园林植物造景程序与方法等内容；技能方面主要介绍常见园林景观绿地植物造景真实案例，主要包括城市道路绿地的植物造景、小庭院的植物造景、屋顶花园的植物造景设计、小游园植物造景设计、居住区绿地的植物造景等任务，每个任务后面均附有提升训练部分，通过课程的实训任务巩固所学知识，促进理论与实践结合，进一步掌握园林植物造景方法，培养学生专业技能的同时提升他们的专业素养。

本书具有很强的应用性，图文并茂，可作为高等院校风景园林、园林技术、观赏园艺、环境艺术、园林工程、城市规划与设计及相近专业的教材，也可作为城市园林规划设计、城市绿化、城市规划、旅游规划等行业人员的参考用书。

图书在版编目（CIP）数据

园林植物造景 / 汤鑫主编. -- 北京：北京理工大学出版社，2024.12

ISBN 978-7-5763-3777-8

Ⅰ.①园… Ⅱ.①汤… Ⅲ.①园林植物－园林设计 Ⅳ.①TU986.2

中国国家版本馆CIP数据核字（2024）第070993号

责任编辑： 王梦春	**文案编辑：** 邓　洁
责任校对： 刘亚男	**责任印制：** 王美丽

出版发行 / 北京理工大学出版社有限责任公司

社　　址 / 北京市丰台区四合庄路6号

邮　　编 / 100070

电　　话 / (010) 68914026（教材售后服务热线）

　　　　　 (010) 63726648（课件资源服务热线）

网　　址 / http：//www.bitpress.com.cn

版 印 次 / 2024 年 12 月第 1 版第 1 次印刷

印　　刷 / 河北鑫彩博图印刷有限公司

开　　本 / 889 mm×1194 mm　1/16

印　　张 / 14

字　　数 / 392 千字

定　　价 / 98.00 元

前言
PREFACE

随着工业化进程的推进，科技突飞猛进，经济蓬勃发展，人类文明达到了前所未有的辉煌与灿烂。与此同时，人们赖以生存的自然环境遭到严重破坏，"温室效应"日趋严重，"厄尔尼诺"现象频繁发生，生态环境不断恶化，人与自然的矛盾愈发凸显。人们开始向往绿水青山，渴望拥有一片蔚蓝的天空。因此，人们急需找到一个能够解决这一矛盾的平衡方法，使人与自然和谐共生，实现共赢发展。"回归自然""保护自然""再创自然"的全新理念，逐渐成为现代园林的发展趋势。在这种理念的影响下，园林植物作为园林景观中创建自然、改善生态环境的组成要素，越来越受到人们的重视。在设计师眼里，植物不仅仅是简单的树木、花草，还是生态、艺术和文化的结合体，是园林景观的核心。党的二十大报告指出："中国式现代化是人与自然和谐共生的现代化。人与自然是生命共同体，无止境地向自然索取甚至破坏自然必然会遭到大自然的报复。我们坚持可持续发展，坚持节约优先、保护优先、自然恢复为主的方针，像保护眼睛一样保护自然和生态环境，坚定不移走生产发展、生活富裕、生态良好的文明发展道路，实现中华民族永续发展。"

园林植物造景就是按照园林植物的生态习性和园林艺术布局的要求，应用乔木、灌木、藤本及花卉等植物素材来创造各种优美景观的过程，充分利用植物本身形体、线条、色彩等自然美并发挥其生物学、生态学及美学等功能，构成优美的画面，供人们欣赏。要创造完美的植物景观，必须使其在科学性与艺术性两方面达到高度统一，既满足植物与环境在生态适应上的统一，又要通过艺术构图原理，体现出植物个体及群体的形式美及人们在欣赏时所产生的意境美。否则，就难以达到预期的造景效果。

本教材贯彻落实《习近平新时代中国特色社会主义思想进课程教材指南》文件要求和党的二十大精神，旨在通过高质量的教材编写，为园林专业人才的培养提供坚实的理论基础和实践指导。为了进一步贯彻国家林业和草原局《关于大力发展林业职业教育的意见》精神，推动高职园林专业的教学改革，提高人才培养质量，特组织专业团队联合编写本书。本书内容分为基础篇和项目实战篇两部分。基础篇主要阐述植物造景基本理论和技能，内容的深度与广度是参照该行业对该岗位知识技能的需求来确定的。为适应高职学生的学习特点，本书用大量图表辅助说明，避免了冗长的文字赘述，增强了教材的直观性。项目实战篇选取了园林常见植物造景真实案例，按照企业的工作流程逐一展开，每个任务后面均附有提升训练部分，通过课程的实训任务巩固所学知识，促进理论与实践结合，进一步掌握园林植物造景方法，培养学生专业技能的同时，提升学生的专业素养。

　　本书是校企联合共同编写创作的成果，由沈阳市园林规划设计院有限公司、辽宁省物测勘查院有限责任公司的工程师和辽宁生态工程职业学院有着丰富专业经验的教师联合共同完成，并为本书提供了有效的编写建议、实践经验。具体编写分工为:任务一中的一、二、四部分，以及任务二、任务三、任务五、任务七和任务十由汤鑫编写；任务四由李烨编写；任务六、任务八、任务十二由李腾编写；任务九由张欣编写；任务十一由孟宪民编写；任务一中的三部分和附录由韩全威编写，李涛和王超为本书的编写提供了宝贵的意见。

　　园林植物造景涵盖内容广泛，植物种类极其丰富，本书不能一一详述，疏漏在所难免，加之编者水平有限，书中难免有所纰漏，希望读者批评指正。

编　者

2024 年 1 月

目录
CONTENTS

基 础 篇

实战篇

基础篇

任务一　园林植物造景的认识

🎯 学习目标

➤ 知识目标

（1）掌握植物造景的含义；
（2）了解植物造景在景观设计中的作用；
（3）熟悉中外园林植物造景的发展历程并归纳、总结其植物造景的艺术手法；
（4）掌握中国园林植物造景的现状及存在的问题。

➤ 技能目标

（1）能运用中、西方植物造景理论分析评价古典园林造景手法；
（2）能分析、评价现代园林植物造景的特色及其优点、缺点。

➤ 素质目标

（1）全面系统地了解中、西方园林植物造景史，提升植物造景知识方面的素养；
（2）充分认识园林植物造景和艺术价值及作用，践行生态文化思想。

　　随着时代的发展和社会的进步，人们的艺术修养不断提高，越来越向往自然，追求丰富多彩的园林景观及其带给人们的生态效益。园林的景观构成要素主要包括园林植物、地形、建筑、水体等。从改善城市生态环境、维持生态平衡和美化城市人居环境等方面来看，园林植物起着至关重要的作用，这一点已被越来越多的人意识到。英国造园家克劳斯顿（B.Clouston）指出："园林设计归根结底是植物材料的设计，其目的就是改善人类的生态环境，其他的内容只能在一个有植物的环境中发挥作用。"由此可以看出，园林植物造景在园林景观设计中占据主导性地位。

一、园林植物造景的概念

　　植物是园林的组成要素之一，其在古今中外的园林景观中的应用由来已久，形成了不同风格的布局形式，积累了丰富造景的经验。植物作为园林中生命题材，更是园林发挥生态效益的主要凭借所在。园林植物造景是20世纪70年代有关专家针对当时园林建设中较多硬质景观现象提出的园林建设方向，要求以植物材料为主体进行园林景观建设并将植物的生物学特性与美学价值结合起来考虑，充分发挥植物本身的色彩、线条、形体等方面的自然美，以创造一个适宜、协调共存的生态艺术环境。

　　人类社会发展到今天，人们对园林景观的需求已经从单纯的游憩和观赏要求，发展到保护和改善环境、维系城市的生态平衡、保护生物多样性和再现自然的高层次阶段。于是，园林植物造景被赋予了新的概念和更广泛的时代意义与深远的现实意义，也远超越了传统园林建设对于植物运用的认识。目前，园林植物造景的概念可以诠释为：按照园林植物的生态习性和园林艺术布局的要求，应用乔木、灌木、藤本及花卉等植物素材，充分发挥植物生物学生态及美学等功能，来创造各种优美景观的过程。

二、植物造景在景观设计中的作用

　　近年来，由于生活水平的不断提升，人们对生活品质的追求日益提高，对自身的生活环境越来越重视。园林植物造景不仅要有改善城市生态环境的作用，还应满足人们对自然景观观赏的需求，是自然风景的再现和空间艺术的展示，为人们创造游览、观赏的艺术空间，给人们以现实生活美的享受。园林植物种类繁多，形态各异，在生长发育过程中呈现出鲜明的季相变化，这些特点为营造丰富多彩的园林景观提供了良好的条件，由此可见园林植物造景在景观设计中起着重要的作用。

（一）表现时空变化

　　随着时间更替，植物在生长变化，植物创造的景观、空间也在随之改变。植物在一年四季中呈现不同的状态，展示不同的景观：春天里百花齐放，夏天里枝叶繁茂，秋天里硕果满枝，冬天里干枝傲然。因此，在植物造景时要考虑到植物的季节特征，使景观在相同地点的不同季节里，展示出相应的季相景观，给人耳目一新之感。鉴于此，园林空间在三维空间的基础上增加了一个时间空间。

（二）美化、创造景观

植物在外部空间的美化作用是显而易见的，如图 1-1 所示。城市中沿街的房屋或商业店面都各不相同，行道树可充当各建筑物的关联因素将所有建筑物从视觉上连为一体，美化街景。园林中的植物都有自身的观赏特性，合理利用既可以独自成景，如孤植；也可以组合成景，展示植物群落之美；还可以和园林其他组成要素搭配成景，如花架上攀爬的藤本植物。由此可见，植物不仅自身可以满足人们休闲、纳凉的需要，与园林小品搭配更使整个组合景观富有意境，两者相辅相成，融为一体。我国古典园林中类似的成功范例比比皆是，如承德避暑山庄的万壑松风。

图 1-1　植物将杂乱的建筑统一，美化街景

（三）创造空间

在空间上，植物本身是一个三维实体，是园林景观营造中组成空间结构的主要成分。植物就像建筑、山水一样，具有构成空间、分隔空间、引起空间变化的功能。植物造景可以通过视点、视线、视境的改变而产生步移换景、柳暗花明的空间景观变化。

（四）表现意境效果

为了创建有鲜明文化特色的植物景观，除了掌握植物的生态习性，还应了解植物的精神属性——意境美。园林植物在中国文化中具有深厚的象征意义和文化内涵，例如，松象征永恒、坚贞，竹代表清高、雅洁等。园林设计时，往往利用植物的寓意拉近人们与园林景观的距离，使人们对景观留下深厚的印象。景观构筑完成后，往往会取一个富有意蕴的景名，如苏州拙政园的"梧竹幽居""海棠春坞"等。

 素养提升

梧竹幽居亭

梧竹幽居亭位于苏州拙政园，是一座建筑风格独特、构思巧妙的方亭，旁有梧桐遮阴、翠竹生情。该亭取名"梧竹幽居"，据说此为吴语"吾足安居"之谐音，意思是自己有这么一座幽静舒适的亭园，足可以安享度日了。其实梧、竹都是至清、至幽之物，古人认为凤凰非梧桐不栖，非竹实不食。梧、竹并植并茂，意在招凤凰。梧、竹相互配植，以取其鲜碧和幽静境界。利用园林植物进行意境创造，是中国传统园林典型造景风格和宝贵的文化遗产。巧妙地运用中国传统文化为各种植物赋予文化内涵，从欣赏植物的形态美升华到欣赏植物的意境美，达到天人合一的思想境界。

三、国内外园林植物造景发展概况

（一）中国古典园林植物造景发展概况

1.国内园林植物造景历史发展进程

（1）生成期——商、周、秦、汉时期（公元前11世纪—公元220年）。从有关文字记载与汉字形状可知，中国园林的植物造景可以追溯到三千多年前的殷商时代。最初的园林形式是囿、苑、圃，即圈出一块空地，让草木鸟兽在其中自然生长繁育，并挖池筑台，供帝王和大臣们狩猎、游乐，所以也称游囿。这时期的园林植物带有原始古朴的特点，基本上利用天然形态的地形、地貌和自然风物，人工因素极少，具有浓厚的自然野趣。秦统一中国后，为了便于控制各地局势，大修道路，道旁每隔8米"树以青松"。这是中国最早的行道树栽植。汉起，园林称苑，汉朝在秦朝的基础上把早期的游囿，发展到以园林为主的帝王苑囿行宫。汉高祖的"未央宫"、汉文帝的"思贤园"、汉武帝的"上林苑"等，都是这一时期的著名苑囿。

（2）转折期——魏晋南北朝时期（公元220—589年）。魏晋南北朝是我国社会发展史上一个重要的时期，社会经济繁荣，文化昌盛，文人、画家开始参与造园，进一步发展了"秦汉典范"，私家园林盛极一时。这一时期，造园与自然山水画相结合，出现以山水为主题的"自然山水园"。"山有高林巨树，悬葛垂萝，沼池种荷莲蒲草，再杂以奇木"，植物配置已经开始有意识地与山水地形相结合，注意植物的成景作用。这是园林发展成熟的标志之一。

（3）全盛期——隋、唐时期（公元589—960年）。隋唐时期是我国古代园林发展的全盛时期。文人墨客的情趣深深影响了园林的发展，运用诗画传统表现手法，把诗画作品所描绘的意境情趣，引用到园景创作上，甚至直接用绘画作品为底稿，寓画意于景，寄山水为情，逐渐把我国造园艺术由自然山水园阶段推进到写意山水园阶段。这一时期，皇家御苑的种植、设计更趋合理，除利用天然植被外，还进行了大量的人工种植，如华清宫苑林区之松柏，即天然所植松柏，遍满岩谷，望之郁然。私家园林则以文人私园为代表，如唐朝王维的辋川别业，园内利用多种花木群植成景，划分景点，园中的木兰柴、宫槐陌、柳浪、竹里馆等多处以植物为主题的景点，将文杏馆、木兰柴、竹里馆、椒园、辛夷坞按照游赏的顺序，构成一个完整的景观序列，在园林发展历程中创立了一个典范。

（4）成熟期——宋、元、明、清时期（公元960—1911年）。北宋时期，由于宋徽宗对绘画有所造诣，故亲自参与皇家园林东京艮岳大约130处景点的设计，其中以植物为主体的景点多达45处，这些纯粹以植物造景的区域，群植成景，片植成林，气势恢宏。据《东京梦华录》中记载，东京琼林苑是一座以植物为主体的园林。植物配置从种类选择到配植手法都形成了自身的风格，注重花木形体的对比、姿态的协调、季相的变化、利用乔、灌、花巧妙地搭配，结合诗情画意，创造了丰富多彩的植物景观。到了南宋，人们开始对整形树木有了一定的审美要求。明清时期的种植设计既有对前朝的继承，又有在此基础上的发展，是极为成熟的阶段。皇家园林重视宫苑内景观设计，完全城市平地造园，天然植被不甚丰富，但有元代留下的人工植被作为基础，再经过广泛绿化，精心经营，形成了宛若山林的自然环境，如西苑。其时，私家园林与两宋时期一脉相承，造园更为频繁，遍及全国，植物景观各具地方特色。植物造景注重通过植物配置体现空间和层次，花木与山体讲究山比树高，高大的乔木，较小的灌木，形成不同的视线遮挡，与古怪嶙峋的山体在一起，用以衬托山势；水面配置植物，以保持必要的湖光天色、鲛宫倒影的景象观赏为原则，在不影响倒影的水面上可配置一些以花木取胜的水生植物，但应团散不一，配色协调。植物配植形式多呈孤植、群植等，小院里花木点缀，大院里孤树偏于一角，借其挺拔、苍劲、古拙、袅娜多姿、盘根错节或名贵装饰院落。

2.中国古典园林植物造景的作用

在中国传统文化中，花木不仅具有隐蔽围墙、拓展空间，笼罩景象、成荫投影，分隔联系、含蓄景深，装点山水、衬托建筑，陈列鉴赏、景象点题，渲染色彩、突出季相，表现风雨、借听天籁，散布芬芳、招蜂引蝶，根叶花果、四时清供等作用；还是人们寄寓丰富文化信息的载体、托物言志时使用频率很高的媒介，具有内在价值和历史文化价值。人们常常借园林花木的自然属性比喻人的社会属性，倾注花木以深沉的感情，表达自己的理想、品格和意志，或将花木"人化"，视其为有生命、有思想的活物，以寓人格意义。

中国古典园林通过植物造景区分人的社会地位。在封建社会，人分尊卑贵贱，而植物材料的运用也如此。由于皇帝地位尊贵，拥有至高无上的特权，因此皇家园林在植物材料上的选择更加考究而别于私家园林。例如，由于松、柏长青，因而在皇家园林中象征着皇帝长寿、江山永固，如天坛、颐和园、承德避暑山庄等皆以苍松翠柏等高大树木为主。私家园林多为自然山水园和写意山水园，造景讲究意境，植物材料常常以松、竹、梅"岁寒三君子"等具有强烈象征意义的植物来表达文人的某种情感或追求。

3.中国古典园林植物的配置方式

中国古典园林植物的配置方式，主要分为规则式与自然式。规则式的配置在中国古代祭坛式园林中尤为常见，虽为规则式配置，但在园林中很少能看见完全对称的植物配置景观。自然式配置中的孤植是采用较多的一种植物造景手法，它能充分发挥单株花木色、香、姿的特点，并常作为庭院观赏的主题。例如，苏州拙政园"玉兰堂"的白玉兰，网师园"小山丛桂轩"西侧的橄榄树等。自然式丛植分两种情况：一是用一种观赏价值较高的树单纯丛植，发挥和强调某种花木的自然特性，以体现群体美，常作为主景；二是用数种花木混交丛植，常作为观赏的主题，例如，怡园听松涛处植松，苍翠挺拔，西部植鸡爪槭，秋日红叶斑斓；沧浪亭山边的箬竹满坡，苍翠欲滴；远香堂南的广玉兰，浓荫匝地；等等。

（二）国外古典园林植物造景发展概况

1.日本古典园林植物造景

从汉代起，日本文化就深受中国文化的影响，至盛唐时期达到顶峰。园林亦是如此，日本园林深受中国园林尤其是唐宋山水园的影响，因而一直保持着与中国园林相近的自然式风格。日本园林还结合日本的自然条件和文化背景，形成了它独特的风格而自成体系。日本所特有的山水庭，精巧细致，在再现自然风景方面十分凝练，极富诗意和哲学意味。造园师设计园林时结合当地气候、地理条件及对庭园植物配置的特殊要求，其园林造景也具有自身的性格特征。

（1）常绿树为主，花木少而精练。日本的多数庭院里的植物以常绿树为主，它们与山石、水体一起被称为最主要的造园材料。日本庭院花木稀少，对植物配置追求的是简单而不繁杂、含蓄而不显露、朴实而不华丽。日本古典园林中选用的植物品种不多，常以一两种植物作主景，再选用一两种植物作配景，层次清楚，形式简洁。常绿树木通常在庭院中占主导地位，这样可以经年保持园林风貌，也可为色泽鲜亮的观花植物或色叶植物提供背景。以常绿植物为主的园林并不一定色彩单调，它们的绿色也有黄绿、蓝绿甚至墨绿的区别。另外，有些常绿植物在春季会长出浅绿色的针叶和球果，有些在秋季会结出红色或蓝色的浆果，从而使园林色彩更为丰富。

日本喜欢象征长寿的植物和体现生命意义的植物，松、柏、铁树因为它们的长寿而入主园林。在大多数日本园林中，最流行的常绿植物是日本黑松。黑松有坚硬的深绿色针形叶、深裂的黑色树皮，具有无畏、极不规则生长的习性。因此，在传统的日本园林设计中，黑松往往被置于枯山水庭园或池泉园的中心焦点，成为庭院的主景。与黑松相比，红松显得较为纤细、柔美，常常作为黑松的从属树。在日本传统园林中，这两种松树被一起种植于池泉边，曲曲折折的枝干悬垂于水面之上，形成一幅优美的画面。

（2）彩色植物异色突出，对比鲜明。此类植物日本花柏、紫杉、杜鹃、樱花及秋色叶树种如槭树类植物等，也是日本园林中常用的植物品种。此类植物与周围的草地或常绿树形成鲜明对比，突出异色，成为别致的景观（图1-2）。樱花和红枫，日本对两者的热爱是无与伦比的，它们"青春易逝"的寓意使其在日本园林植物的排行榜上名列前茅。春天一到，整个日本就变成了一个樱花世界，为古老的园林平添了许多韵味。而与古朴建筑交相辉映的红叶林，又把深秋的绚丽、凝重表现得恰如其分。

图1-2　日式园林中植物色彩对比鲜明

（3）日本园林的植物配置多采用自然式，但常对植物进行修剪。日本园林多利用现有地形、湖泊、石组，结合植物进行不规则配置，力求表现自然。庭院中，每一株植物都要求有优美的外形，成丛种植的也要求各株间距能使人们从任何角度都看到全丛各株树木。多株树或每个树丛不仅本身应是优美的，而且要使全园增色，即要彼此协调，又要树丛之间相互平衡。树丛本身不宜过密而影响通风或不利于地形起伏的显出，也不宜过于稀疏，从而导致树间的关联中断。

日本园林对植物修剪是从室町时代（1393—1573）后期禅宗寺院的庭院开始的。禅宗寺院以低矮的石景为视觉焦点，如果不对植物进行修剪，那么植物在温润的条件下生长迅速，将遮盖石景。日本园林植物景观修剪应遵从以下原则：

①按画意修剪。将远景树修剪成几何形，取画意中的"远树无形"的原理，来加强景深（图1-3）。

②体现水景主题。日本园林常以表现"海洋岛屿文化"的水景为主题，因此背景树修剪成波浪形，中景树修剪成船形或岛形。

③寺庙园林植物按圆头形修剪。为了模仿佛、菩萨等将树冠修剪成圆头形或方形，如槭树类、杜鹃或黄杨等常被修剪成球形。

④注重苔藓植物的应用。在苔草类方面，日本园林表现出特别的兴趣，在枯山水中特别创立了一种类型——苔园。在这些苔园中用青苔代表大千世界和陆地（图1-4），用白砂代表海洋。在干燥的地方苔藓不生长，但在大片阴凉潮湿处，如茂密的林下空地苔藓长得很好。随着社会的发展，苔园进一步面向公众开放，逐渐发展成供人游赏的苔藓公园。另外，日本的私家庭院中，用苔藓植物进行景观布置也非常普遍，其配置手法和象征意义也大大超越了枯山水园林的思想，最典型的手法就是在狭小的空间内，通过苔藓植物形体的渺小创造出非常开阔的空间感觉。常用的苔藓植物有仰天皮藓、泽葵藓、大金发藓等。

图1-3　日式庭院中按画意修剪远处植物　　　　图1-4　日式庭院中苔藓植物的应用

基础篇

⑤ "七五三"韵律模式。韵律是由连续性元素彼此之间的关联形成的，对于任何艺术形式色彩、形态、质感的良好，韵律都是十分重要的。"七五三"是日本园林石景的一种固定形式，即七石景多与三石景和五石景结合。因植物与石头同样被当作造景符号，所以在植物造景时也出现了很多"七五三"式及其变形，例如，正传寺庭院中就布置了以白砂为背景的呈"七五三"排列的修剪杜鹃。在现代设计中，许多数列被用于创造设计元素的韵律感，如等差数列、等比数列、费波纳奇数列等。日本园林之所以选用等差数列是因其变化节奏慢，易构成和谐内敛的景观，引人沉思。

2. 欧洲园林植物造景历史发展进程

从可考的历史看，欧洲园林始于古希腊。到了公元前5世纪，古希腊贵族的住宅有了庭院，周围环以柱廊，亭中有喷泉、雕塑，庭院内花草树木栽植很规整，有蔷薇、百合等植物。欧洲园林在中世纪常附属于修道院或封建主的城堡，树木修剪成几何形，园中有小草坪。欧洲园林总的特点就侧重于表现人为的力量。随着文艺复兴的到来，欧洲园林形成了以16世纪意大利园林、17世纪法国园林及18世纪英国园林三种风格为代表的园林。

15世纪初到17世纪，意大利、法国、德国等国家的园林设计中，植物造景多以规则式的种植形式出现，花园中的植物通常被修剪成各种几何形体和动物造型，以体现植物服从于人的意志，这些规则式的植物景观与规则式建筑的线条、外形乃至体量协调一致，有较高的人工美的艺术价值。例如：欧洲紫杉被修剪成高而厚的绿墙，与古城堡的城墙风格统一协调；锦熟黄杨常被修剪成各种模纹或成片的绿篱，体现出强烈的秩序感。

18世纪60年代，以英国为首的西方发达国家开始了划时代的工业革命。城市化进程迅速加快，城市的快速发展繁荣了经济，促进了文化事业的进步，同时也带来了大量的社会和环境问题。在问题和科学技术的双重催生下，19世纪初开始出现了包括植物种植在内的一系列新思想和新方法，导致了传统植物种植的部分变革。英国著名的园艺师格特鲁德•杰基尔（Gertrude Jeky Ⅱ，1843—1932，在她《花园的色彩设计》中指出："我认为只是拥有一定数量的植物，无论植物本身有多好，数量多充足，都不能成为园林，充其量只是收集。有了植物后，最重要的是精心地选择和有明确的意图……对我来说，我们造园和改善园林所做的就是用植物创造美丽的图画。"美国著名的风景园林设计研究者和植物学家安德森•杰克逊•唐宁（Andrew Jackson Downing，1815—1850），对雷普顿的三项基本设计原则进行了阐述，认为统一是建立设计的主导理念，多样是通过装饰和复杂激发的兴趣，协调是从属于整体布局需要的。1854年，奥姆斯特德主持修建了纽约中央公园，此后在美国掀起了一场声势浩大的公园运动，并逐渐影响了世界其他各地。这一时期，植物种植设计在形式上虽然主要是沿袭自然式风景园的外貌，但在设计思想和植物群落结构上明显已有了更多生态的意识及相应的措施。

19世纪末和20世纪初，植物种植设计在形式上有了一系列有意义的探索，如英国园林设计师鲁

实战篇

滨逊（William Robinson，1838—1935年）主张简化烦琐的维多利亚花园，满足植物的生态习性，任其自然生长。尽管因为社会的发展未到一定阶段或由于植物景观在当时还主要被看成一种园艺或生态环境，这种变革在当时还没有形成燎原之势，但他们的努力为后来园林形式上的变革奠定了基础。欧洲古典园林的植物配置方式有如下几种。

（1）整形植物。为了提高园林植物的观赏价值，对植物进行整形修剪，使其形成并保持设计形状（如几何、动物形体等）的造型植物称为整形植物。在园林中，各种规则式的组成要素可以使环境显得宁静而庄严，整形植物与建筑相得益彰，有效作为建筑和自然景观之间的过渡元素。最开始欧洲国家只是把一些萌发力强、枝叶茂密的常绿植物修剪成篱，后来，随着发展则将植物修剪成各种几何形体、图案纹样，甚至一些复杂的动物造型。常用的植物品种有黄杨、欧洲紫杉、柏树等。整形植物是传统与现代相结合的产物，当代西方规则式园林中仍广泛应用。

（2）植物凉亭和绿廊。植物凉亭、绿廊的来源可以追溯到古埃及园林，人们为了抵御酷暑搭建葡萄棚架，形成了简易的凉棚，这是最早植物凉亭的雏形；后来，人们将植物凉亭延长，遮阳的同时还可以通行其中，凉亭慢慢演变成了绿廊（图1-5）。植物凉亭和绿廊在规则式园林中常常作为连接园子的中介，在符合规则式造园风格的基础上还兼具遮阴和观赏功能。

图1-5　利用植物修剪成的绿廊

（3）花结花坛和刺绣花坛。花坛源于古罗马时期文人园林。在古代欧洲，花坛最初只是作为切花的栽培用地，后来由于园林风格演变，逐渐形成了各种花坛的观赏形式。花结花坛与刺绣花坛均属于模纹花坛的范畴。花结花坛在中世纪时期的英国非常盛行，用矮生且可修剪的欧洲黄杨、迷迭香等植物修剪成线条状，在其间隙的土地上或填满彩色粗砂或种植一色的草花，表现出各种纹样图案。在花结花坛的基础上，17世纪的法国人克洛德·莫莱，他以花草或绿篱模仿衣服上的刺绣花边，创造精美的花坛，像在大地上刺绣一样，这种花坛因此被称作刺绣花坛（图1-6）。刺绣花坛在当时的法国非常流行，成为园林中不可或缺的种植类型，一直沿用至今。

（4）植物迷园。迷宫文化起源于古希腊的神话，揭示了人类精神中表现出来的双重特性，象征着自由意志与现实命运之间永恒的哲学矛盾，它蕴含了宗教与巫术的意义。植物迷园是迷宫文化渗透到环境艺术中产生的，是西方园林植物文化的代表之一。迷园中的树篱与今天常见的绿篱一样，其高度设置不单是为了遮住纵横交织的园路，其边缘种有薰衣草、迷迭香及其他矮性植物，十分简洁。迷园中心一般是园亭或奇形怪状的造型树木。植物迷园在中世纪时期成为当时王公贵族常用的娱乐场所之一，其广泛应用于16—17世纪的欧洲，现如今的欧洲园林还存在这一时期的植物迷园。

（5）花境。花境是源于欧洲的一种花卉种植形式，人们模拟自然界中林地边缘地带多种野生花卉交错生长的状态，运用艺术设计的手法，将宿根花卉按照色彩、高度、花期搭配在一起成群种植

（图1-7）。起初，它没有规范的形式，多设在道路两旁或墙角，园中主要种植主人喜爱又可在当地越冬的花卉。第二次世界大战之后，出现了混合花境和四季常绿的针叶树花境。随着时代的变迁和文化的交流，花境的形式和内容也在变化与拓宽，但其基本形式和种植方式仍被保留了下来，并得到广泛的应用。

图1-6　法国凡尔赛宫的刺绣花坛

图1-7　花境

（6）野花草地。中世纪，人们热爱草地上开满野花的植物景观，但是，19世纪以来，过度放牧、农业开发和城市发展导致了全球的野花草地大量减少。因此，它的恢复和营建已经引起了相关人士的重视。一些追求"自然化和生态化设计"的风景园林师及园艺学家开始着手在城市中模拟自然营建野花草地。他们选择阳光充足的场地，根据土壤类型和气候条件，按照"适地适花"的原则筛选出生长健壮、不需精细管理的花草种类，将这些花草的种子按照一定的比例均匀混合并播种下去，让它们自然生长，待到花期，便会形成各种花卉和谐交错、竞相开放的美丽景观。现如今野花草地在道路边缘、公园一角、草地上、工厂周围绿地等场所绚烂绽放，并取得了良好的生态效益（图1-8）。

图1-8　野花草地

（7）观赏草。观赏草在国外的应用历史较久。早在中世纪时期，西方即有"繁花草丛"的记载，其所指为高档的住宅周围为野生花卉所点缀的绿色草丛。观赏草是以茎秆、叶丛为主要观赏部位的草本植物，主要包括禾本科植物、莎草科植物和灯芯草科植物等。其茎秆姿态优美，叶色丰富多彩，植株随风飘曳，即使在花叶凋零的秋季，也可给环境带来无限生机。观赏草对环境有极广泛的适应性，耐干旱，易管理，被大量应用于规则式和自然式庭院景观设计。

进入 20 世纪中后期，观赏草在西方国家植物造景中的应用日趋广泛，设计师们对观赏草造景的艺术造诣也愈加精湛，在色彩搭配、株型选择、质地考究上趋于成熟，景观应用形式层出不穷。现如今，西方发达国家有"无草不成园"之说，观赏草被大量应用于城市公园、郊野公园、高科技园区、道路两侧、居民住宅区等。

四、我国园林植物造景的现状与发展趋势

（一）我国园林植物造景的现状

近年来，随着园林事业的发展，我国园林植物造景水平也有了显著的提高，但和其他国家相比，我国的园林植物造景理念还亟待改进，主要有以下几个方面：

1. 植物材料使用不科学，造成资源浪费现象严重

园林植物材料使用不科学，造成资源浪费的现象比比皆是，例如大树进城，塑造"一夜森林"，结果大树成活率低，造成植物资源、人力资源和绿化资金的浪费；盲目引用外来树种，由于未经引种驯化，对当地气候、土壤等自然条件不完全适应，有的生长不良，有的根本不能成活，既增加了管理难度和管理成本，又延缓了生态效应的发挥。

2. 植物配置缺乏多样性和稳定性

在当前城市园林植物配置中，运用植物种类少，多局限于观赏价值较高、人工栽培的绿化品种，加之长期以来重视景观视觉、追求所谓的高档次、忽视生态效益，常把生长稳定的乡土植物排斥在外，造成配置的植物种类单一、色彩单一、功能单一和空间单一，使城市植物配置缺乏多样性和稳定性。

3. 忽视生态效益、自然美而重人工美

应用植物所营造的景观不仅是视觉上的艺术景观，也是生态上的科学景观。有些设计追求景观的"欧陆风格"，不论场地大小，都是一片草地点缀几丛灌木，几个小花丛，追求简洁美；又或者在草地上由灌木、地被组成图案，讲究华丽，求大排场。这种追求"开敞景观"的植物造景，缺少乔木，导致单位面积绿化的绿量较低，绿地的生态效益也处于相对较低的水平状态，并不符合城市建设的发展方向。

（二）我国园林植物造景的发展趋势

1. 园林植物造景要坚持"以人为本"的设计原则

园林植物造景的"以人为本"主要是指在满足人们观赏需求和生活需求的基础上完成的植物景观设计，如在对集散广场进行植物造景时，应先考虑周围不美景观的屏蔽，场地遮荫等人性化的功能需求，然后在满足这些功能前提下进行植物品种的选择并进行造景。园林植物造景只有紧紧围绕人性化需求才能够展现出其存在的价值和意义，为人们的生活和发展提供坚实的基础和前提。做到景为人用，方便于人。

2. 提高园林植物造景的科学性，发挥更大的生态效益

在进行植物景观设计时，应进行植物群落的合理配置，模拟各地独特的自然群落，手法自然，进

而起到改善生态环境的作用；另外，要以乡土树种为主，合理引进外来树种，满足植物品种多样性，发挥植物群落的最大生态效益，形成具有一定稳定性的生态环境。

3. 提高园林植物造景的艺术美

园林植物造景要将科学性与艺术性高度统一。在满足树种特性与立地条件相互适应的基础上，还要运用园林艺术构图法则，根据植物的观赏特性，展现出植物的色彩美与形态美，个体美与群体美，韵律美与节奏美，更要融入植物的文化内涵，创造出植物的不同意境美。

 提升训练

> 训练任务及要求

（1）训练任务。任选中国或西方一处古典园林，根据实际情况，以现场调研或网络查询的方式收集资料，对其植物造景手法进行分析并指出其在现代植物造景中的可借鉴与应用之处。

（2）任务要求。

①以小组为单位完成工作任务，分工要明确、合理。

②现场调研要以小组为单位，注意安全，行为要文明。

③全员参与，由组长整理、汇总撰写分析报告，报告要图文并茂，以照片或手绘的形式展示也可。每组上交一份作业。采取自愿汇报和随机抽取汇报的方式，汇报小组需要制作PPT。

考核评价

考核评价表

评价类别	评价内容		学生自评（20%）	组内互评（40%）	教师评价（40%）
过程考核（50分）	专业能力（40分）	资料收集整理能力（10分）			
		植物造景手法分析能力（30分）			
	职业素养（10分）	工作态度（5分）			
		团队协作（5分）			
成果考核（50分）	报告创新性（10分）				
	报告完整性（10分）				
	报告表述准确性（10分）				
	汇报展示（20分）	汇报思路清晰，逻辑结构合理（5分）			
		语言表达流畅、简洁，行为举止大方（10分）			
		PPT制作精美、高雅（5分）			
总评				总分	
	班级		第 组	姓名	

任务二　园林植物的观赏特性

学习目标

➤ 知识目标

（1）掌握植物的类别及其配置特性；

（2）熟悉植物形态美及其观赏特性，掌握不同姿态的典型植物种类。

➤ 技能目标

（1）能运用植物的观赏特性相关知识对某绿地植物景观进行分析与评价；

（2）能运用植物的观赏特性理论与方法进行植物景观设计。

➤ 素质目标

（1）通过了解园林植物的观赏特性，培养学生对园林专业的兴趣，树立起绿水青山就是金山银山的理想信念；

（2）通过提升训练，增强学生的团队协作意识。

知识准备

　　园林植物作为园林组成要素中唯一的生命题材，比任何其他造园材料都更加丰富。园林植物的叶、花、果、枝、干等器官因种类与品种不同而表现出不同的形态、色彩等观赏特性。只有掌握了园林植物的基本观赏特性，才能在植物景观设计中因地制宜地选择园林植物，创造符合园林主题和意境的植物景观。

一、园林植物的类别及其配置特性

园林植物的类型有乔木、灌木、藤本、草花、草坪、地被等。植物的大小，即植物的尺度直接影响到景观构成中的空间范围、结构关系、设计构思与布局，见表 2-1。

表 2-1　园林植物类别及其配置特性

植物分类	定义	代表植物		配置特性
乔木	树体高大的木本植物，具有明显且高大的主干	伟乔（高度 30 m 以上）	落叶松、枫杨、水曲柳等	可作主景，是园林绿地的骨干树种，为上木，可组织、分隔较大范围的空间，屏障远处、高处的视线
		大乔（高度 30～20 m）	悬铃木、国槐、银杏等	
		中乔（高度 10～20 m）	五角枫、花曲柳、稠李等	
		小乔（高度 5～10 m）	海棠、暴马丁香、梓树等	
灌木	树体矮小、主干低矮或无明显主干、分枝点低的树木	高灌木（高度 2 m 以上）	紫丁香、连翘、榆叶梅等	作为乔木的下木，起美化、陪衬作用；可组织、分隔较小的空间，阻挡低处、近处的视线
		中灌木（高度 1～2 m）	绣线菊、黄杨、玫瑰等	
		小灌木（高度 1 m 以内）	爬地柏、小叶黄杨等	
藤本	能缠绕或依靠附属器官攀附他物向上生长的植物	木质藤本	葡萄、金银花、猕猴桃等	可进行垂直绿化，可充分利用立地空间
		草质藤本	地锦、牵牛花、扶芳藤等	
草花	有观赏价值的草本植物	一年生草花	万寿菊、百日草、矮牵牛等	用作重点装饰和色彩构图的材料，可形成或指示空间边缘
		二年生草花	雏菊、金盏花、三色堇等	
		多年生草花	景天、玉簪、鸢尾、萱草等	
草坪	多年生矮小草本植株密植，并经人工修剪的草地	冷季型草坪	早熟禾、高羊茅、黑麦草等	绿地的铺地材料，可形成或指示空间边缘
		暖季型草坪	狗牙根、结缕草、假俭草等	
地被	有一定观赏价值，株丛密集、低矮，管理简单，用于代替草坪覆盖在地表的植物	木本	金山绣线菊、小叶黄杨、紫叶小檗等矮灌木	
		草本	玉簪类、萱草类、景天类等草本植物	

乔木是植物景观营造的骨干材料，具有明显的高大的主干，枝叶繁茂，绿量大，生长年限长，景观效果突出，在植物造景中占有重要地位（图 2-1）。

图 2-1　乔木在植物造景中占主体地位

基础篇

实战篇

　　大中型乔木是城市园林景观体系的基本结构，也是构成园林空间的骨架，在空间划分、围合、屏障、装饰、引导及美化方面都起着决定性作用。因此，在植物景观设计时，应先确立大中型乔木的位置，再确定小乔木和灌木等植物种植位置。灌木在植物造景中还可以修剪成绿墙、绿篱，用来围合空间，也可以作为背景衬托主景。草花和草坪因其独特的色彩和质地，不仅可以增添观赏情趣，也可以形成空间界限，确立不同空间。

二、园林植物的形态美及其观赏特性

　　园林植物种类繁多，姿态各异。它们通过自身的姿态、色彩、形态、质感等主要观赏特性向人们展示自己，表现美感。不同的植物形态可以引起观赏者不同的视觉感受，形成不同的景观效果。合理利用植物的形态，可以产生不同的韵律感、层次感，对园林景观的艺术效果起着至关重要的作用。

（一）园林植物的姿态及其观赏特性

　　植物的姿态也称植物的外形，是指成年植物由整体形态与生长习性确定的外部形状。植物姿态是由主干、主枝、侧枝和叶幕共同决定的，它是园林植物的重要观赏特性之一，在植物整体构图与布局中，影响着景观形态的统一与多样性（图2-2）。人类对植物的情感具有倾向性，是植物生长在高、宽、深三维空间中的延伸得以体现，对植物不同的姿态赋予不同的情感。不同姿态的树种给人以不同的感觉，或高耸入云或波涛起伏，或平和悠然或苍虬飞舞。不同姿态的树种与不同地形、建筑、溪石相配植，造就万千景色。

　　大体来讲，观赏植物的株形多介于自然形与几何形之间，是两者的综合，也称为株形或树形。因此，园林植物的树形可按照外部轮廓的几何线条进行分类，一般可分为垂直向上形、水平展开形和无方向形；也可按照植物自然生长的形态进行分类，可分为圆柱形、伞形、垂枝形、尖塔形、球形、风致形、棕榈形等。

图2-2　常见园林植物姿态

1. 垂直向上形

（1）圆柱形。圆柱形植物有杜松、塔柏、钻天杨、落羽杉、北美圆柏、龙血树等。

（2）尖塔形。尖塔形植物有雪松、金松、南洋杉等。

（3）圆锥形。圆锥形植物有圆柏、毛白杨等。

此类植物具有挺拔向上的生长气势，突出空间的垂直面，强调了群体和空间的垂直感与高度感。此类植物与低矮植物（特别是球形植物）交错相配，对比强烈，最宜成为视觉中心（图2-3）。垂直向上的植物惹人注目，在种植设计时应控制用量，如果用得过多，会引起过度关注，使构图跳跃破碎。这类常绿针叶植物适用于严肃、庄严的空间，如陵园、墓地、教堂等，人们从其富有动势向上升腾的形象中充分体验到对死者哀悼的情感或对宗教的狂热情感。

图2-3　圆锥形植物与球形或扁平植物配植时表现突出

2. 水平展开形

（1）偃卧形。偃卧形植物有偃柏、偃松、沙地柏、矮紫杉、平枝枸子等。

（2）匍匐形。匍匐形植物有葡萄、爬山虎等。

水平展开形植物可以增加景观的宽广度，使植物产生外延的动势，并引导视线沿水平方向移动。在构图中，水平展开形植物宜与垂直类植物组合搭配，以产生纵横发展的极差。另外，此类植物常形成平面或坡面的绿色覆盖物，因此宜作地被植物，它能与变化的地形相结合，用于遮掩建筑物等。若将该类植物布置于平矮的建筑周围，它们能延伸建筑物的轮廓，使其融汇于周围环境之中。

3. 无方向形

姿态为卵圆形、倒卵形、球形、丛枝形、伞形等的植物为无方向形植物，而球形是最为典型的无方向形。园林中的植物大多没有显著的方向性，除自然形成的外，也有人工修整而形成的，如水蜡球、黄杨球、枸骨球等。

这类植物既没有方向性，也无倾向性，因此在构图中随便使用不会破坏设计的统一性。该类植物具有柔和、平静的特性，可以调和其他外形较为强烈的形体，可以产生安静的气氛，但此类植物创造的景观往往没有重点。

4. 其他外形

姿态为垂枝形、龙枝形、特殊形的植物具有不同凡响的外貌，通常作为视觉焦点，最好作为孤植树，放在突出的设计位置上，构成独特的景观效果。一般来说，为了避免景观杂乱，无论何种景观，应减少这类植物的应用量，以求变化与统一（图2-4）。

图 2-4　孤植风致形树形成局部主景

在具体应用时，景观设计者除园林植物以上姿态的表现特点及应用外，还应注意以下几点。

（1）植物的姿态随季节及树龄的变化而具有较大的不稳定性，设计时，应抓住其最佳景观效果的姿态作优先考虑，如：油松越老姿态越奇特。

（2）景观以植物姿态为构图中心时，注意巧妙把握不同姿态的植物的重量感。人工修剪的球形植物重（图 2-5），自然生长的植物轻，因此在植物造景中球形植物易凸显。

图 2-5　球形植物在布置中易凸显

（3）注意单株与群体之间的关系。群体的效果会掩盖单体的独特景象，如欲表现单体，应避免同类植物或同姿态的植物群植。

（4）太多不同姿态的植物配置在一起，会给人以杂乱无章之感。如果设计中某一种植物姿态占主导地位，会使整个植物景观达到统一的效果，其余多种植物姿态的综合运用作为配景，这样就会既有变化又显统一。

（二）园林植物的色彩及其观赏特性

1. 叶的色彩美

在植物的生长周期中，叶片出现的时间最久，色彩也极富变化，可以表达出不同的季相特征。若能在植物造景中将其特点巧妙运用，必能形成神奇之笔。根据叶色特点可将植物分为以下几类。

（1）绿色叶类。绿色作为植物叶的最基本颜色，具体可细分为浅绿、浓绿、黄绿、墨绿、蓝绿、翠绿等不同色度。叶色深浅及浓淡，也受环境条件和自身营养状况的影响。叶色浓绿的植物，如油松、桧柏、毛白杨等；叶色浅绿的植物，如玉兰、垂柳、银杏等。

（2）春色叶类。春季新发生的嫩叶有显著不同叶色的树种，称为"春色叶树"或"新叶有色"。春色叶树的新叶多呈红色或黄色系，如臭椿、五角枫、光辉海棠、黄连木等。木本类的春色叶植物配置在纯色建筑或浓绿色树丛前，能产生类似开花的效果。

（3）秋色叶类。秋色叶树种是指在秋季树的叶片有明显变化的树种。秋叶呈红色或紫红色类的植物有鸡爪槭、五角枫、美国红枫、火炬树、茶条槭、黄栌、地锦等（图2-6）。秋叶呈黄色或黄褐色类的植物有复叶槭、银杏、白蜡、国槐、刺槐、家榆、白桦、栾树、悬铃木、桃叶卫矛等（图2-7）。

秋色叶植物是秋季季相的主要特征，其色叶变化常受温度、光照的影响，因此植物的叶色表现每年都呈现不同的色度与亮度。

图 2-6　秋叶呈红色的美国红枫

图 2-7　秋叶呈黄褐色的元宝枫

（4）常色叶类。有些树的变形或变种，其叶子常年呈一种颜色，这种树种称为常色叶树。叶色呈红色或紫红色的有紫叶小檗、紫叶李、紫叶风箱果、紫叶矮樱等。叶色呈黄色的有金叶榆、金山绣线菊、金叶复叶槭、金叶国槐等。

（5）双色叶类。有些植物其叶背与叶表的颜色显著不同，这种树种称为双色叶树。其在微风中可形成特殊的闪烁变化效果，如银白杨、栓皮栎、胡颓子等。

（6）斑色叶类。斑色叶是指绿色叶片上具有其他颜色的斑点或条纹，或叶缘呈现异色镶边。此类植物资源极为丰富，如金心大叶黄杨、花叶锦带、花叶玉簪等。

2. 花的色彩美

园林植物讲究"三季有花，四季有景"，可见花在植物造景中的重要性。园林植物配置中可根据花的特性设计成色彩园、季节园、芳香园等。自然界植物的花色很多，园林中常见的观花植物主要可归于以下几个主要色系，见表2-2。

基础篇

实战篇

表 2-2　植物花色的分类

红色系	白色系	黄色系	蓝色系	粉色系
榆叶梅、山桃、月季、光辉海棠、红王子锦带、扶桑、芍药、牡丹、大丽花、合欢、锦葵、鸡冠花等	白玉兰、稠李、山楂、暴马丁香、国槐、接骨木、文冠果、珍珠绣线菊、山梅花、木绣球、茉莉、红瑞木等	连翘、迎春、黄刺梅、树锦鸡儿、栾树、万寿菊、蜡梅、金丝梅、大花萱草、耧斗菜、金钟花、向日葵、三七景天等	鸢尾、鼠尾草、薰衣草、三色堇、八仙花、马蔺、木槿、矮牵牛、泡桐、风信子、矢车菊、玉簪、美女樱等	樱花、毛樱桃、京桃、山杏、香花槐、紫叶李、苹果、海棠、八宝景天、凤仙花、假龙头、早花锦带等

3. 果实的色彩美

累累硕果，体现着成熟与丰收，各类各色的果实在植物景观中发挥着极高的景观效果。"一年好景君须记，最是橙黄橘绿时。"这首诗描写的正是果实成熟时的景色。就果色而言，一般以红紫为贵，以黄次之。常见的果实色彩主要有以下几类。

（1）红色系。果色属红色系的植物有金银木、火炬树、樱桃、荚蒾、火棘、花楸、枸杞、海棠果、山楂、接骨木、桃叶卫矛等（图 2-8）。

（2）黄色系。果色属黄色系植物有梨、山杏、银杏、柚子、金橘、假连翘、柠檬等（图 2-9）。

（3）蓝紫色系。果色属蓝紫色系的植物有葡萄、紫珠、十大功劳、海州常山等。

（4）白色系。果色属白色系的植物有红瑞木、雪果、湖北花楸等。

（5）黑色系。果色属黑色系的植物有金银花、地锦、鼠李、五加、君迁子等。

图 2-8　忍冬的红色果实

图 2-9　银杏的黄色果实

4. 枝干的色彩美

树木枝干的色彩虽然不如叶色、花色那么鲜艳和丰富，但它的颜色也有一定的观赏价值，尤其是秋冬的北方，乔灌木的枝干往往成为主要的观赏对象。枝干具有美丽色彩的树木，特称为观干树种。枝干的色彩可分为以下几类。

（1）红色系。树干颜色属该色系的树种有红瑞木、山桃、紫竹、欧洲山茱萸等。

（2）黄色系。树干颜色属该色系的树种有金枝槐、金枝垂柳、金枝梾木、金竹、黄桦等。

（3）绿色系。树干颜色属该色系的树种有梧桐、棣棠、竹类、迎春、绿萼梅、青榨槭等。

（4）斑驳色系。树干颜色属该色系的树种有悬铃木、白皮松、花曲柳等。

（5）白色系。树干颜色属该色系的树种有白桦、银白杨、老年白皮松、银杏、胡桃、白桉等。

（三）园林植物的形态及其观赏特性

1. 叶的形态美

园林中植物叶的形状、大小及在枝干上的着生方式各不相同。就叶的大小而言，大的如棕榈类的叶片，长达 5～6 m 甚至 10 m 以上；小的如侧柏、柽柳的鳞形叶，长 2～3 mm。一般而言，叶片大者粗犷，如悬铃木、臭椿、泡桐；小者清秀细腻，如合欢、小叶黄杨、珍珠绣线菊等。

叶片的基本形状主要有以下几种：椭圆形，如柿树、樟树、茶树等；针形，如油松、云杉、红松等；披针形，如夹竹桃、山桃、垂柳等；卵形，如梅花、玉兰等；圆形，如紫荆、铜钱草等；掌形，如悬铃木、槭树等（图 2-10）；三角形，如加拿大杨、白桦等。叶子还有单叶、复叶之分，复叶又有羽状复叶、掌状复叶、三出复叶等。

另外，一些叶形奇特的种类，以叶形为主要观赏要素，如银杏叶呈扇形（图 2-11）、鹅掌楸叶呈马褂状、琴叶榕的叶呈提琴形、槲树呈葫芦形等，其他如羊蹄甲、龙舌兰、变叶木等，其叶形也甚为奇特，而芭蕉、苏铁、椰子等植物的大型叶具有热带情调，展现热带风光。

图 2-10　美国红枫的掌形叶

图 2-11　银杏的扇形叶

2. 花的形态美

花朵的绽放代表植物生活史中最辉煌的时刻。花朵的观赏价值体现在花的形态、色彩和芳香等方面，例如，"叶如飞凤之羽，花若丹凤之冠"，描写的就是盛花时期，花红叶绿、满树如火的凤凰木。

（1）花相。花或花序在树冠、枝条上排列的方式及其所表现的整体状貌称为花相。根据开花时有无叶簇的存在，可分为两种类型：一为"纯式"，是指开花时，叶片尚未展开，全株只见花不见叶，故曰"纯式"；另一为"衬式"，是指开花时已经展叶，全树花叶相衬，故曰"衬式"。按照花或花序在树冠上的整体形态划分，花相可分为以下几种。

①独生花相：花序一个，生于干顶，如苏铁类。

②线条花相：花或花序排列于小枝上，形成长形的花枝，如连翘、金钟花等。

③干生花相：花或花序着生于茎干上，如紫荆、槟榔、鱼尾葵等。

④星散花相：花或花相数量较少，且散布于全树冠各部，如珍珠梅、鹅掌楸、白兰等。

⑤团簇花相：花或花絮形大而多，密布于树冠各个部位，具有强烈的花感，如木绣球、玉兰、木兰等。

⑥覆被花相：花或花序分布于树冠的表层，如合欢、泡桐、七叶树等。

⑦密满花相：花或花序密布于整个树冠中，使树冠形成一个整体的大花坛，如榆叶梅、丁香、鸾枝等。

（2）花形。花形主要受种类遗传基因支配，形态相对较固定，只有当花的体量较大时，单花形态才有其观赏上的实际意义。花形主要包括整齐花和不整齐花两种类型。

①整齐花。整齐花形态规整，有对称轴，外观简洁，给人以大方、明快之感，如梅花、樱花、桃花、金盏菊、矮牵牛等。

②不整齐花。不整齐花形体复杂，形状奇特，给人多样化感受，具有玲珑、奇妙、新颖、别致的观赏情调，如仙客来、蝴蝶兰、金鱼草、三色堇等。

3. 果实的形态美

果实的形态一般以奇、巨、丰为标准。

（1）奇。奇即果形奇特，如铜钱树的果实形似钱币，紫珠的果实宛若晶莹透亮的珍珠。其他果形奇特的还有佛手、杨桃等。

（2）巨。巨即单果或果穗体量巨大，如柚子单果径达 15 ～ 20 cm。其他的如石榴、苹果、木瓜等果实也很大，而葡萄、火炬、南天竹等虽然果实不大，但却集生成大果穗。

（3）丰。丰即全株结果繁密，如火棘、紫珠、花楸等。

4. 枝干的形态美

乔灌木的枝干也具有重要的观赏特性，可以成为冬季主要观赏对象，尤其是秋冬的北方，万木萧条，色彩单调，纹理多样、色彩美丽的枝干更显珍贵。

以树皮的外形而言，一些树干开裂和树皮剥落的形态，具有较显著的美学意义。树干常块状剥落的有白皮松、悬铃木、榔榆等，颜色深浅相同，光坦润滑，斑驳可爱，惹人注目；树皮沟状深裂的有刺槐、板栗等，刚劲有力，给人强劲感；龙爪槐、龙爪柳等，枝曲折伸展；树干如酒瓶的有佛肚竹、佛肚树等，也具有一定观赏价值。

（四）园林植物的质感及其观赏特性

根据植物的质感在景观中的特性及潜在用途，可将植物质感大致分为三类。

微课：园林植物质感及其观赏特性

（1）粗质型。粗质型植物通常具有叶片大、枝干疏松而粗壮、树冠松散的树形。这类植物通常给人以强壮、坚固、刚健之感，具有使景物趋向观赏者的动感，造成可视距离短于实际距离的错觉。

（2）中质型。中质型植物，其叶片大小中等，枝干中粗，具有适中的树形，大多数植物具有此类型。这类植物给人平和、恬静之感，常充当粗质型和细质型植物的过渡植物。

（3）细质型。细质型植物通常具有许多小叶片和微小脆弱的小枝，以及整齐密集而紧凑的冠形。这类植物给人柔软、纤细的感觉，具有"远离"的动感，可起到扩大视线距离的作用。

需要注意的是，所谓质感的粗糙与否是相对的，只有不同的植物对比才会产生质感上的差异，并对观者的视觉形成一定的吸引力。因此，在运用不同质感的园林植物进行造景时，要根据其对空间的影响进行合理的搭配，见表 2-3。

表 2-3　不同质感特征的园林植物应用

质感分类	示意图	搭配建议	对空间的影响	代表树种
粗质型		多种粗质型不适宜相互搭配，同种粗质型可列植或丛植，可与中质型、细质型搭配	作为中心景物加以装饰和点缀，外观粗糙的植物会产生拉近的错觉，种植在群落远端，可以产生缩短的效果。但过多使用粗质型植物则显得粗鲁而无情调，使空间显得狭窄和拥挤	银中杨、蒙古栎、悬铃木、梓树等

续表

质感分类	示意图	搭配建议	对空间的影响	代表树种
中质型		同种或多种中质型植物可以搭配在一起，可与其他质感类植物搭配，起调和作用	起到连接和协调统一空间的作用。不同于粗质型植物，中质型植物透光性差但轮廓明显，可以在空间中形成清晰明显的轮廓线	海棠、银杏、锦带、爬山虎、萱草等
细质型		多种细质型植物不宜搭配在一起，同种细质型可以列植或丛植	有扩大空间视觉的作用，在狭小空间中尤其适合种植细质型植物。由于其规则栽植，轮廓清晰、整齐，也适合充当景观的背景	小叶黄杨、绣线菊、馒头柳、紫叶小檗等

基础篇

从细腻过渡到粗糙，距离感近；从粗糙过渡到细腻，距离感远（图 2-12）。在园林植物设计中，协调地运用三种不同类型的植物，以中质型植物为主，合理搭配粗质型和细质型植物，适当地进行对比，可以增强质感的感染力。

图 2-12 粗质型植物趋近，细质型植物远离

 提升训练

> 训练任务及要求

（1）训练任务。以小组为单位，调研当地绿化常见的 30 种植物（乔、灌、草各 10 种），归纳、总结其观赏特性及其在绿化中的应用，组员每人绘制一张调研植物应用优秀案例的平面图。

（2）任务要求。

①以组为单位完成工作任务，分工要明确、合理。

②现场调研要以小组为单位，注意安全，行为要文明。

③图纸表现手法不限，注意干净、整洁。

④全员参与，组员轮流汇总、撰写调研报告并制作 PPT（PPT 要图文并茂，语言简洁精练），每组上交一份作业。

实战篇

考核评价

考核评价表

评价类别	评价内容		学生自评（20%）	组内互评（40%）	教师评价(40%)
过程考核（50分）	专业能力（40分）	资料收集整理能力（10分）			
		植物特性及应用分析能力（20分）			
		图纸表现能力（10分）			
	职业素养（10分）	工作态度（5分）			
		团队协作（5分）			
成果考核（50分）	报告创新性（10分）				
	报告完整性（10分）				
	报告表述准确性（10分）				
	汇报展示（20分）	汇报思路清晰，逻辑结构合理（5分）			
		语言表达流畅、简洁，行为举止大方（10分）			
		PPT制作精美、高雅（5分）			
总评				总分	
	班级		第　组	姓名	

任务三 园林植物造景的基本法则

园林植物造景的基本法则

- 知识准备
  - 园林植物造景的基本原则
    - 生态性原则
    - 功能性原则
    - 经济性原则
    - 艺术性原则
  - 植物造景色彩美
    - 色彩认识
    - 色彩的心理象征
    - 植物景观的配色
  - 园林植物造景的形式美原则
    - 多样与统一
    - 对比与调和
    - 比例与尺度
    - 均衡与稳定
    - 节奏与韵律
    - 园林植物联想与意境
- 提升训练
  - 训练任务及要求
  - 考核评价

🎯 学习目标

➤ 知识目标

（1）熟悉植物造景的基本原则；
（2）了解色彩的认识，掌握色彩的心里象征及植物景观色的搭配与应用；
（3）掌握植物造景形式美原则；
（4）掌握园林植物的意境美。

➤ 技能目标

（1）能运用植物造景的基本法则对绿地中的植物景观进行分析与评价；
（2）能进行植物景观的色彩搭配。

> 素质目标

（1）系统地了解园林植物造景基本法则，提升园林基本知识方面的素养；

（2）引导学生积极深入了解园林植物的联想与意境，培养热爱生态、热爱祖国园林文化的情感，增强文化自信；

（3）通过实践调研，培养学生学以致用的能力。

知识准备

一、园林植物造景的基本原则

园林植物造景包含极丰富的内涵，在不同地区、场合、地点，由于不同的目的、要求，可以有多种多样的造景类型和配置形式。同时，由于植物是有生命的有机体，它具有自身的生物学特性，在不断地生长发育及四季交替中，产生变化万千的观赏效果；它又与生长环境产生千丝万缕的联系，对环境有一定要求又有不同程度的适应性。园林植物造景不仅是一个科学问题，也是一个艺术问题，还要考虑社会效益、环境效益及经济效益等。因而它是一个相当复杂的工作，要求设计者具有广博而全面的专业知识。园林植物造景虽然涉及面广，要求比较多，但还是有原则可循的。

（一）生态性原则

随着生态园林的深入发展及景观生态学、环境生态学等多学科的引入，植物造景不再是仅仅利用植物来营造视觉艺术效果的景观，生态园林建设的兴起已经将园林从传统的游憩、观赏功能发展到维持城市生态平衡、保护生物多样性和再现自然的高层次阶段。

1.遵从"生态位"原则，提高绿化水平

生态位是指一个物种在生态系统中的功能作用及它在时间和空间中的地位，反映了物种与物种之间、物种与环境之间的关系。

城市园林绿地建设中，应充分考虑物种的生态位特征，合理选配植物种类，避免种间直接竞争，形成结构合理、功能健全、种群稳定的复层群落结构，以利种间相互补充，既充分利用环境资源，又能形成优美的景观。根据植物对光照的要求，考虑将阳性、中性和阴性植物相结合。地下部分则分别选用深根性、浅根性树种进行配置，如西泠印社山坡植物景观上层由香樟、广玉兰等高大乔木组成，具有一定耐寒和抗风能力，适宜山林环境中生长，可吸收群落上层较强的直射光和较深层土壤中的矿质养分；用鸡爪槭、山茶、沿阶草等适宜栽于林下的植物丰富中下层，吸收林下较弱的散射光和较浅层土壤中的矿质养分，较好地利用树林下的阴生环境。两类植物在个体大小、根系深浅、养分需求和物候期方面有效差异较大，按空间、时间和营养生态位分异进行配植，既可避免种间竞争，又可充分利用光和养分等环境资源，保证群落和景观的稳定性。

2.遵从"互惠共生"原理，协调植物间关系

"互惠共生"是指两个物种长期共同生活在一起，彼此相互依存，双方获利。一些植物中的分泌物对另一些植物的生长发育是有利的，如黑接骨木对云杉根的分布有利，皂荚、白蜡与七里香等在一起生长时互相都有显著的促进作用。但另一些植物的分泌物则对其他植物的生长不利，如胡桃与苹果、松树与云杉、白桦与松树等都不宜种在一起，森林群落林下蕨类植物狗脊和里白则对大多数其他植物幼苗生长发育不利，这些都是园林绿化工作中必须注意的方面。

3. 保持物种多样性，模拟自然群落结构

物种多样性理论不仅反映了群落或环境中物种的丰富度、变化程度或均匀度，也反映了群落的动态与稳定性，以及不同的自然环境条件与群落的相互关系。生态学家认为，在一个稳定的群落中，各种群对群落的时空条件、资源利用等方面都趋向于互相补充而不是直接竞争，系统越复杂也就越稳定。因此，在城市绿化中应尽量多造针阔混交林，少造或不造纯林。这就需要设计师充分挖掘植物各种特点，考虑如何与其他植物搭配，丰富植物种类。例如，某些适应性较强的落叶乔木有着丰富的色彩，生长速度快，可以考虑与常绿树种以一定的比例搭配，一起构成复层群落的上层部分。混交群落与单一群落相比，不仅满足了景观季相变化，还丰富了景观层次。

素养提升

我国是"世界园林之母"，生物多样而又独特。由于国土辽阔，自然条件复杂而多变化，又有较古老的地质历史，故而孕育了极为丰富的植物、动物和微生物种类及多种多样的组合，成为全球 12 个"巨大生物多样性国家"之一。中国有种子植物 30 000 余种，名列世界第三（仅次于巴西和哥伦比亚），其中裸子植物 250 种，是全球裸子植物种类最多的国家。另外，中国还拥有 5 个植物特有科、247 个特有属和 7 300 个以上的特有种及众多珍稀动植物，特称"活化石"，如水杉、银杏、攀枝花苏铁等。我国的多种名花及其品种开遍了世界各国，这是约自 17 世纪起外国人来华收集、引种栽培的结果。美国加利福尼亚州有 70% 以上的树木花草原产中国，意大利曾引种中国园林植物 1 000 种左右，德国现栽培园林植物的 50% 来自中国，荷兰现有 40% 花木原引自中国。我国丰富多彩的遗传资源为世界各国园林做出了杰出的贡献。

4. 强调植物分布的地带性，适地适树

每个地方的植物都是经过对该地区生态因子长期适应的结果。这些植物就是地带性植物，即乡土树种。俞孔坚教授曾指出，"设计应根植于所在的地方"，就是强调设计应遵从乡土化原理。随着地球表面气候、环境的变化，植物类型呈现有规律的带状分布，这就是植物分布的地带性规律。

许多设计师在进行景观设计时，为了追求新、奇、特的效果，大量从外地引进各种名贵树种，结果导致植物生长不良，甚至死亡，原因就是在植物配置时没有考虑植物分布的地带性和生态适应性。因此，在植物配置时应以乡土树种为主，适当引进外来树种，适地适树，如荷兰雅克·蒂何塞公园在为公园选择树种时，其设计师布罗尔斯深受该地区自然与半自然的景观和当地植物群落的启发，采用了赤杨、白杨、桦树、垂柳等乔木和水生薄荷、湿地勿忘我、野兰花、纸莎草、芦苇等草本植物，并把它们组成了能很好地适应浸水或贫瘠环境生长的植物群落。这种"自然公园"的种植和一般的公园植物配置很不一样，前者是动态发展的，而后者常稳定不变。虽然"自然公园"景观的形成可能需要几十年的时间，但正是这一点使植被充满了生机，城市游客为此而流连忘返。

（二）功能性原则

园林绿地具有游憩娱乐和改善、保护、美化环境等功能。在进行园林植物造景时，应先根据绿地的性质，明确绿地主要功能，选择相应的植物种类，建植不同的植物景观。例如，行道树以美化和遮阴为主要目的，配置上应主要考虑其美观和遮阴效果；纪念性绿地宜突出庄严、肃穆的悼念氛围，植物配置应以松柏植物为主。

（三）经济性原则

经济性原则是指在植物的景观设计和施工环节上能够从节流与开源两个方面，通过适当结合生产和进行合理配置，来降低工程造价和后期养护管理费用。节流主要是指合理配置、适当用苗来设法降低成本。通过采取以乡土树种为主、适地适树、合理使用名贵树种、适当选用苗木规格等方法来实现项目节流。开源就是在园林植物配置中妥善合理地结合生产，通过植物的副产品来产生一定经济收入。还有一点就是合理选择改善环境质量的植物，提高环境质量。这也是在增强环境的经济产出。但在开源和节流两方面的考虑中，要以充分发挥植物配置主要功能为前提。

（四）艺术性原则

植物造景是园林艺术创造的过程，要具有科学性和艺术性。设计一个好的园林作品，要遵循以下几方面要求。

1. 植物造景突出主题

植物设计应围绕并服务于整个绿地的立意和主题。为此，在整体意境创造的过程中，要充分考虑植物材料本身所具有的文化内涵，从而选择适当的材料来表现设计的主题和满足设计所需要的环境氛围。

2. 植物造景要突出地方风格

造景材料要重视当地植被的应用，参考当地植被的植物层次和群落结构及乡土植物构成，从而在设计中体现出地方的风格和特色。在此基础上适当引用适合本地的外来树种，从而于景观朴实平凡中带有一抹与众不同的风格，使人产生新鲜愉悦感。

3. 植物造景要创建并保持自身的园林特色

没有个性的艺术是没有生命力的，没有特色的公园和景区将不会被人们铭记。设计师在遵循植物造景艺术原理的基础上，应根据不同的区域、园林的主题及植物造景的具体环境，确定种植设计的植物主题和特色，形成具有鲜明风格的植物景观。

二、植物景观色彩美

（一）色彩认识

1. 色彩的本质

"色"包含色光与色彩。由发光体放射出来的称为光，而色是受光体的反射物。阳光是所有颜色之源，太阳光谱由不同波长的色光组成，其中人眼能看到的颜色有7种：赤、橙、黄、绿、蓝、靛、紫，而物体的色彩是对光线吸收和反射的结果。

2. 有彩色与无彩色

人眼可辨的色彩大致可分为两大类：有彩色，如红、黄、绿、蓝色等系列；无彩色，如黑、白、灰色系列。

3. 三原色与三补色

红、黄、蓝是色彩三原色。三原色通过两两混合后即成二次色，即橙、绿、紫，红与绿、黄与紫、蓝与橙组成三对互补色，互补色具有强烈的对比效应（图3-1）。

图 3-1 色环示意图

4.二次色与三次色

二次色相互混合则成为三次色，也称为复色，如橙红、橙黄、黄绿、蓝绿等。二次色与三次色的混合层次越多，越呈现稳重、高雅的感觉。

5.色彩的三要素

色彩的三要素，即色相、明度和纯度。

（1）色相即色彩的相貌，是指植物反射阳光所呈现的各种颜色，如黄、红、绿等颜色的名称。

（2）明度是指色彩的明亮程度，也就是色彩的深浅变化，白色明度最高，黑色最黯淡，明度等级高低依次为白、黄、橙、绿、红、蓝、紫、黑。在同一色相中，如紫色色相中，随着白色量的增加，淡紫色属于高明度浅色，而深紫色属于低明度深色（图3-2）。

图 3-2 随着白色量的增加，色条明度逐渐增高

（3）纯度也称彩度、饱和度，纯度用来指色彩的饱和度或者说鲜艳程度。纯度越高的色彩就显得越鲜艳，纯度低的色彩则会显得黯淡低沉。

（二）色彩的心理象征

万物自古以来都是通过色彩向人们传达着丰富的视觉信息，自然给了人类丰富的色彩经验。了解色彩的心理联想及象征，有助于创造出符合人们心理的、在情调上有特色的植物景观，见表 3-1 所示。

表 3-1 色彩的心理象征

序号	色彩	色彩心理象征	色彩温度感	注意事项
1	红色	血与火的代表色，热情、奔放、喜悦、有活力，有时也象征恐怖和动乱		不宜应用过多，否则会刺激过强，令人倦怠，心里烦躁
2	橙色	秋天的代表色，兴奋、温暖、愉快、辉煌	暖色系	大量应用会产生浮华之感
3	黄色	金子的代表色，光明、灿烂、柔和、希望、崇高、华贵、威严、素雅、权势		大量的亮黄色会引起炫目，易引发视力疲劳，适合做色彩点缀

基础篇

实战篇

序号	色彩	色彩心理象征	色彩温度感	注意事项
4	绿色	植物的色彩，生命、春天、青春、希望、和平	冷色系	最普遍的色彩，缓解视力疲劳
5	蓝色	天空与海洋的色彩，希望、沉静、高洁		最冷的色彩，给人冷静、沉静感
6	紫色	阴影的色彩，高贵、庄重、优雅		低明度的紫色，容易造成忧郁和疲劳的负面情绪
7	白色	纯洁的代表色，明亮、干净、朴素、纯洁、爽朗	中性色	面积过大，容易产生寒冷、凄凉、虚无感
8	黑色	积极心理：沉思、安静、庄重、严肃；消极心理：忧伤、不幸、绝望		容易造成心理的消极和压迫感

（三）园林植物景观的配色

1. 园林植物景观色彩调和

园林植物造景的色彩搭配要讲究调和。所谓色彩调和，是指两种或两种以上组合在一起的颜色作用于人的视觉，在心理上引起的反映，就是色彩构成的美感。

（1）单一色相调和。在同一颜色中，浓淡明暗相互配合，属色相中的弱对比关系。同一色相的色彩，尽管明度或色度差异较大，但容易取得统一与协调的效果。同色相相互调和，意向缓和、和谐，有醉人的气氛与情调，但也会产生迷惘、精力不足的感觉。所以在只有一个色相时，必须改变组合的明度和色度，并加之以植物的形状、排列、光泽、质感等变化，以免单调乏味。在一片绿地中，并非任何时候都有花和色叶，绝大多数是绿色。由于绿色的明暗、深浅的"单色调和"，同样会使空间显得和谐、优美。

（2）近似色相调和。在色环上位于90º内的两种色相为类似色，属色相中的中对比关系。类似色配色比单色方案饱满，由于色相相近，容易取得统一，产生安静感，形成宁静、清新的环境气氛，满足了人们对空间中色彩的需求。园林中有一些植物本身就具有富于变化的类似色，如鸢尾类有深浅不同的紫色及蓝紫的颜色，合理搭配就能得到极佳的效果。

（3）邻补色相调和。在色环上大于90º且小于150º的两种色相为邻补色，属色相中的强对比关系，如红和黄、橙和紫等。这类色相有明显差异，但容易调和处理。邻补色相配置突出表现出色彩的丰富性，色相效果强烈、兴奋。大量应用邻补色相植物搭配，容易使视觉疲劳，产生烦躁、不安的感觉，具体使用要结合场所性质。凡同时开花，黄与大红、橙与紫的花卉，都属邻补色的花卉。每年国庆节，人们常用一串红和黄菊花搭配组成花坛，烘托绚丽活泼的节日气氛，共同欢庆节日。

（4）对比色相调和。色环上位于180º左右的色相为对比色，属色相中的最强对比关系。补色相配，因色相对比强烈，给人的感受是饱满、活跃、刺激，是一种极富表现力和动感的色彩配合。补色相配使各自的色彩更加浓艳，相同数量补色对比的花卉较淡色花卉在色彩效果上要强烈得多。补色相配若运用不当，会引起强烈的刺激感，甚至显得庸俗。补色配色的关键在于掌握面积比例，不宜大小等分，在明度和纯度方面，既要有深浅之分，又要有鲜艳程度的不同（图3-3）。

图 3-3　减少红色应用比例，宜用对比色调和

2. 植物色彩搭配对空间情感意境的营造

（1）淡紫色、浅黄色与绿色搭配——安宁、雅致、自然。淡紫色、淡黄色与绿色植物搭配，色域范围为中高明度，如淡紫色香彩雀或鸢尾和绿植搭配，能营造雅致的氛围，适于公园和生活庭院空间（图 3-4）。

图 3-4　淡紫色植物搭配绿植，给人安宁、雅致感

（2）黄绿色同色系搭配——清新自然。黄绿色同色系植物搭配，色域范围为中高明度，如细叶针茅和小叶黄杨搭配，色彩接近，能形成清新自然、闲适洒脱的氛围，适于休闲绿地空间。

（3）黄色、橙色、红色的搭配——奔放热烈。黄色与橙色、红色植物搭配，色域范围为中高明彩度，如万寿菊和鸡冠花，在空间上拉开层次，形成奔放、热烈的氛围，适用于城市广场或主干道两侧。

（4）粉红色与绿色的搭配——温馨欢快。粉红色与绿色植物搭配，色域范围为中高明度，如粉色的长春花和绿植搭配，能形成温馨欢快的氛围，适用于公园、广场、庭院空间（图 3-5）。

图 3-5　庭院空间里的粉色长春花与绿植搭配

3.植物景观色块的应用

色块是指颜色的面积或体量。景观绿地中的色彩，实际上是由各种大小色块有机地拼凑在一起而成的。如城市道路绿地中，用大量的灌木、草花及草坪等配成大小不等的色带或色块，来增强城市的现代感、时尚感。为凸显色彩构图之美，在进行植物景观设计时应考虑以下几个方面：

（1）色块的面积。色块的面积可以直接影响绿地中的对比与调和，对绿地景观情趣具有决定性作用。配色与色块体量的关系：色块大，彩度宜低；色块小，彩度宜高；明色、弱色色块宜大；暗色、强色色块宜小。一般大面积色块宜用淡色，小面积色块宜浓艳些。但也应注意，面积的相对大小还与视距有关。互成对比的色块宜近观，有加重景色的效应，远眺则效应减弱；暖色系的色彩，因其彩度、明度较高所以明视性强，其周围若配以冷色系色彩植物则需强调大面积，以取得视感平衡。例如，在园林植物造景中经常采用草坪缀花，景致怡人，因为草坪属于大面积的淡色色块，而花草多色彩艳丽。

（2）背景搭配。园林景观设计中应注意考虑背景色的搭配，任何有色彩的植物运用都必须与其背景取得色彩和体量上的协调。现代绿地中经常运用一些攀缘植物爬满墙体或栏杆，以获得绿色背景，前面相应衬托各种彩色植物，整个景观鲜明、突出，轮廓清晰，展现良好的艺术效果。一般绿色背景前适宜配置浅色的园林小品及明色的花坛、花带和花境，但应注意明度差与面积大小的比例关系（图 3-6）。背景与前景搭配时，还应考虑植物的季相变化特征。

图 3-6　深色叶植物充当浅色叶植物的背景

（3）配色修正。绿地中以乔木、灌木等配置的景观一般不宜更改，而花坛和节庆日临时性摆花的色彩搭配可以加以修改或改变色相、明度及纯度。

①改变色相、明度和纯度。对于单一色相的配色，要用不同明度和纯度来组织，避免单调乏味；不同色相的配色，邻近色较易取得调和；对比色则不宜取得调和，最好改变一方的纯度和面积；如果有中差色相存在，最好改变一方色相，增大或减小色块的面积；三种色相相配，不宜均采用暖色相；应控制色相在两种或三种，以求典雅不俗。

②改变色块。在色彩调和时，如果无法从更改色相、明度和彩度中得到缓解，则可考虑改变色块的大小、色块的集散、色块的排列、色块的配置，以及色块的浓淡等。

③加色搭配。若两种颜色互相冲突，根本无法搭配，有效的办法是在配色之间加上白、黑、灰、银、金等线条，将其分割、过渡，这样往往会消除冲突感，使配色清新活泼。

④利用强调色。主观上分出主色和副色，从旁边陪衬。色彩强烈，色块又大，易产生幼稚、俗艳的感觉。

⑤寻求与背景相调和。植物景观配置必须强调用色的背景与整体景观相协调。对背景不加考虑而随意进行色彩搭配，如果不合适会造成统一性的破坏。常用的背景色有绿色、白色或灰色背景，暖色背景及远山和蓝天做背景。

三、园林植物造景形式美原则

好的作品都是形式与内容的完美融合，园林植物造景同样遵循绘画艺术和造景艺术的形式美原则，即多样与统一、对比与调和、比例与尺度、均衡与稳定、节奏与韵律原则。

（一）多样与统一

观赏者在欣赏植物景观时，首先对设计区域留下整体的印象，而非个别的植物元素。虽然植物树形、色彩、线条、质地及比例都要有一定的差异和变化，显示多样性，但可以通过"统一"的手法来塑造整体感，从而达到整体视觉平衡。由于一致性的程度不同，因此引起统一感的强弱也不同。变化太多，整体就会显得杂乱无章，失去美感（图3-7）；反之，不同种类植物搭配时，将同种植物集中配置会增强统一感（图3-8）。一般可以通过以下几种方法达到多样与统一的效果。

图3-7 常绿植物配置杂乱无章

图3-8 集中配置常绿植物增强统一感

1.确立单一设计主题

通过共同的主题形成统一的逻辑模式。主题可以是某种色彩、历史人文、地域风格、场地性质等；可以选择同一品种复种或以某一品种为主，附以其他品种，如苏州网师园的小山丛桂轩庭院，庭院以桂花为主要元素，辅以鸡爪槭、桂花、蜡梅、白玉兰、槭树、西府海棠等品种，突出"赏桂"的主题（图3-9）。

2.加强联系

通过单一地被或延伸的地被线融合各类植物元素，加强联系。使用某种地被植物，种植在各种植物组团之间，使之成为一个整体，连续延伸的地被线达到统一的效果。图3-10中的图（b）是对图（a）的改造，通过增加地被达到了加强联系的效果。

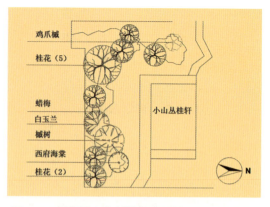

图3-9 网师园小山丛桂轩庭院植物配置平面图

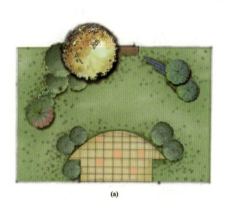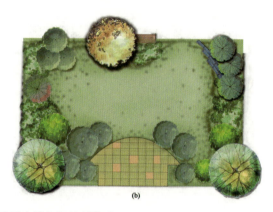

图3-10 通过地被围合增加场地整体感

（a）各部分之间植物缺乏联系；（b）各部分通过联系而统一

3.成组成排密植同种植物

通过成组成排密植同种植物来产生强烈秩序感，从而达到"统一"的效果。如图3-11所示，图（a）里的植物平均分布、分散于场地内，给人以凌乱感，而图（b）里的植物配置反之。另外，植物搭配没有重复或完全重复也都不可取。

图3-11 园林植物成组密植给人以统一感

4.恰当的植物种类

三种以上类似元素形成一组，可产生统一感。人的眼睛看到偶数元素，倾向于将其分成两组（图3-12）。

偶数布置易分割

奇数布置易统一

图3-12　偶数植物元素组合

（二）对比与调和

对比使彼此不同的特色更加明显，调和使整个景观效果和谐。每个区域或组团都应有植物重点，通过强调形成视觉焦点，吸引游人驻足观赏。视觉焦点可以是植物的颜色、质感、组团、花境等。但需注意的是，设计重点过多则容易模糊视觉焦点，使目光游离。总体布局上以协调为主，局部间又要有适当变化。植物空间转换端点也应进行强调，以引导路线或产生视线的变化。对比是形成强调效果最常用的方法。

植物的对比景观营造经常是选择与背景植株或叶片形态、大小、质感和色彩对比强烈的植物。例如，可选择常绿植物作为背景与开花植物搭配，形成色彩的对比（图3-13）；可选择在自然种植中设计修剪的植物形态、在水平形态植物群中设计的圆柱形植物等，形成方向上的对比；可选择叶子细碎的小叶榄仁与宽叶地被植物搭配能形成较好的效果，形成质感方面的对比等；可选择高大乔木与低矮的灌木及地被（草坪）形成体量对比（图3-14）等。

图3-13　红叶植物用绿色植物做背景

基础篇

实战篇

大小不一，有主有次，观赏效果好

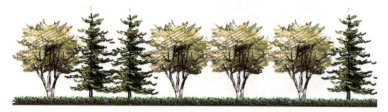

大小相同，缺乏主次，观赏效果不佳

图 3-14　植物的体量对比与调和

（三）比例与尺度

在植物景观设计中，令人舒适的尺寸与比例十分重要。比例的应用范围包括植物群落、植物空间、植物色彩与质感等。比例与空间大小有密切关系，如植物群落区域与草坪（地被）区域的比例关系，若未留出足够的草坪空间，给人的直观感受就是排列密集，比较压抑。

植物的大小是指植物的尺度。在为一个特定的场所进行植物配置设计时，植株的大小、外部的轮廓、高度和枝叶的伸展程度会对这个场所的景观效果产生很大的影响。植物尺度的把握是否合适，对于整体的景观效果影响很大。如果选择过大的植物，空间将会显得过于拥挤和繁杂；如果所选植物过小，空间将会过于通透而缺乏私密感和安全感。在私家园林中，树种多用矮小植物，体现小中见大，树小则山高；儿童活动场地，由于儿童视线低，绿篱宜修剪得矮些，座椅也应小些。

（四）均衡与稳定

构图在平面上的平衡为均衡，在立面上的平衡则为稳定。园林植物景观是利用各种植物或其构成要素在形体、数目、色彩、质地及线条等方面展现量的感觉。

1. 对称均衡

植物的对称均衡种植是指轴线两侧的植物种类、数量、大小相同，给人一种规则、整齐、庄重的感觉（图 3-15）。

2. 不对称均衡

植物不对称均衡种植是指轴线两侧植物的数量、大小、颜色、质感、形状、位置等不相同，但视觉感均衡。不对称均衡的美赋予景观以自然

图 3-15　道路两侧的行道树给人对称均衡感

生动的感觉，例如，体量大的乔木与成丛的灌木或竹丛对照配置，使人的心里感到平衡。

大规格、质感粗糙、自然多变的树冠边界、暗色调的彩色植物一般显得较厚重；反之，则显得轻

薄轻。将厚重的元素和薄轻的元素进行组合，则能实现生动有趣的平衡效果。例如，把体型较大的亮色调植物设置在靠近中央的位置，把体型较小的暗色调植物设置在靠近边缘处，与物理学的杠杆平衡原理一样，能达到不对称的平衡。

3. 稳定

上大下小，给人以不稳定之感。所以，若在那些枝干细长、枝叶集中于顶部的乔木下配置中小乔木或灌木丛，使其形体加重，可造就稳定的景观。

（五）节奏与韵律

有规律的再现称为节奏。在节奏的基础上深化而成的既富有情调又有规律的可以把握的属性称为韵律。韵律能增强设计的感情因素和感染力，引起共鸣，产生美感。韵律按形式可分为以下几种。

1. 连续韵律

连续韵律是指一种或几种植物元素连续、重复地排列，其间距和节奏可以有多种重复的形式，形成设计特色（图3-16）。植物元素包括乔木、灌木、植物组团，它们的造型可以整形修剪或保持自然。

图3-16　行道树栽植构成连续韵律

2. 渐变韵律

渐变韵律是指植物元素在大小、质感、色彩等观赏特性方面有规律地演变，以造成和谐的韵律感，如从质感粗糙到质感细腻，色彩从暖色调到冷色调等。

3. 交替韵律

交替韵律即连续使用两种或两种以上的植物元素，表现出一种有规律的变化，增加设计作品的情趣，其中交替元素包括形式、大小、色彩等，如图3-17所示。某城市道路中央分车绿带设计，采用的是A、B两种设计元素，元素A采用的是大乔国槐，元素B采用的是桧柏球，使道路设计既富有变化，又不失庄重大气之感。

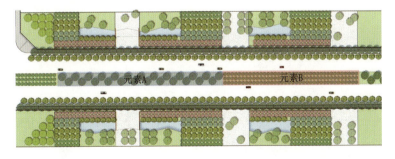

图3-17　中央分车绿带设计构成交替韵律感

（六）园林植物联想与意境

中国文化历史悠久，流传有很多描写植物的古代诗词与篇章，赋予了植物独特的文化背景，使人们在欣赏优美姿态的植物时不知不觉产生主观联想，置身于生动优美的园林意境中。园林植物造景有生境、画境、意境三种境界。生境是指适合植物的生长环境，是设计的基础保障；画境是融合了艺术审美的生境设计，植物群落搭配讲求美感；意境是指设计通过象征和联想，欣赏者与设计师表达的主题思想产生共鸣。意境是设计的最高境界。设计师要设计出意境深远、富于联想的景观需要通过以下几种形式。

1. 运用"比德"的创造手法

比德出自儒家的"君子比德"，即美、善合一的自然审美观，是从山水花木欣赏中可以体会到的某种人格美。人们把作为审美对象的园林植物看作品德美、精神美和人格美的一种象征，例如，传统的松、竹、梅谓之"岁寒三友"，梅、兰、竹、菊谓之"四君子"，运用植物共同的坚韧品格比拟为坚贞不屈、高风亮节的君子。文人刘岩夫写的《植竹记》中就把竹与君子的人格相比拟。这种"比德"手法是自然物的人格化，自然美的各种属性本身往往在审美意识中不占主要地位，相反，人们更注重从自然景物的象征意义中体现人与自然的统一。

 素养提升

● **松**

松四季常青，既顺四时而郁郁葱葱，又挺立于四时之外。人们从松之美发现了人性的理想品格，于是古代文人墨客常以松喻人，借松表达那些不同流俗、坚贞不屈、高风亮节的名士的崇高品格。范云《咏寒松诗》："凌风知劲节，负雪见贞心。"宋之问《题张老松树》："百尺无寸枝，一生自孤直。"李白《于五松山赠南陵常赞府》："为草当作兰，为木当作松。兰秋香风远，松寒不改容。"故松在烈士陵园中常被采用，以其品格比德革命先烈的品格。松树寿长，故有"寿比南山不老松"之句，以松表达祝福长寿之意。松树在园林中可以创造出许多园景，表达出多种思想感情。

● **竹**

竹亭亭玉立，挺拔多姿，以其"经霜雪而不凋，历四时而常茂"的品格，赢得古今诗人的喜爱和称颂。张九龄《和黄门卢侍御咏竹》言简意赅地赞美道："高节人相重，虚心世所知。"苏轼《於潜僧绿筠轩》有咏竹名句："宁可食无肉，不可居无竹。无肉令人瘦，无竹令人俗。"《红楼梦》大观园中林黛玉的居所——潇湘馆，外有翠竹掩映，凤尾深深，用竹来暗喻林黛玉的高洁人品。在古典园林中常常将竹石相配置，如苏州园林狮子林建园初期，竹石占地大半，因园内"林有竹万，竹下多怪石，状如狻猊者"，故名狮子林。

● **梅**

梅乃寒冬斗士，为历代文人画士所喜爱。千百年来，咏梅的佳作不计其数。王安石《梅花》："墙角数枝梅。凌寒独自开。遥知不是雪，为有暗香来。"诗人抓住梅花最先开放的特点，以梅喻人，写出了梅敢为天下先的品质。陆游《卜算子·咏梅》："无意苦争春，一任群芳妒。零落成泥碾作尘，只有香如故。"赞赏梅饱经风霜、仍孤傲不群的高尚品格。古典园林中以梅花为主题的景点很多，如狮子林的问梅阁、暗香疏影楼和双香仙馆，沧浪亭的闻妙香室等。

从中国传统文化深厚的"松竹梅情结"里，世人皆可感受到绵延数千年的中华民族精神文化的精魂。中华民族是一个注重高尚品格、崇尚道德节操的民族，这已经深入民族心灵的深处，并且表现在审美意识之中。对优秀民族文化的继承和弘扬，将为国家的经济建设和社会发展提供强大的精神动力、智力支持及思想保证，是一个国家持续发展的重要保障。

2. 运用"象征"的创造手法

　　中国古典园林中常种植一些具有象征意义的植物。例如：牡丹象征富贵；石榴多子，象征多子多福；并蒂莲象征夫妻恩爱；椿树象征长寿；桃花在民间象征幸福、交好运。

　　另外，古典园林里常用"谐音"的手法来选配植物，如皇家园林中常用玉兰、海棠、迎春、牡丹、芍药相配，象征"玉堂春富贵"，诸如此类，不胜枚举。

3. 运用"诗词"的创造手法

　　植物的意境美与民族的文化传统、各地的风俗习惯、文化教育水平、社会的历史发展等有关。不仅中国古代将植物人格化，其他许多国家也有此情况，例如，加拿大的糖槭树因其独特的地位和价值，被简化为树叶图案绘在国旗上，象征着火红、热烈和赤诚。

　　植物的意境美也会因时代的发展而丰富。它伴随文化传统逐渐形成，并随着时代的发展而变化，例如，旧时有"白杨亦萧萧"的词句，这是由于旧时代，一般的民家多将白杨植于墓地。但当今时代，由于白杨生长迅速，枝干挺拔，叶片近革质而有光泽，具有浓荫匝地的效果，所以成为良好的园林绿化树种，即时代变了，绿化环境变了，所形成的景观变了，游人的心理感受也变了，所以当微风吹拂时就不会有"萧萧愁煞人"的感觉。

4. 园林植物设计的风水禁忌

　　有些民族及地方对植物的栽植有一些习俗与禁忌，如"前不栽桑，后不栽柳"，是因为"桑"谐音"丧"，柳树不结籽，房后栽柳意味着没有后代等。另外，有的地方在庭院内也不种植榆树、葡萄等。如果我们换一种思维，从植物的生物学特征、生态习性，以及它们对周边房子的通风、采光等方面的影响来考虑，这种观点也是具有合理性的。例如，园林植物阳生树是"阳"，阴生树是"阴"，那么将阴生树置于北面，阳生树置于南面，或将阴生树置于阳生树下，这样互相搭配，正体现"阴阳和则生"的规律，这种理念在古典园林里就得以应用：牡丹喜光所以向阳栽植；墙阴植女贞、竹类等耐寒植物；背阴能略受阳光之地栽植桂花、山茶之类。再如，柳树的柳絮、榆树的榆钱在散落时，量大且持续时间长，对人们的生活产生影响；而葡萄在庭院中种植要搭棚架，在夏季夜晚，棚架及地面上的影子会让胆小的人害怕，所以这些植物不宜种植在庭院中。

 **提升训练**

➤ 训练任务及要求

　　（1）训练任务。根据实际情况，以现场调研或网络查询的方法获取资料，分析园林植物造景法则在某公共绿地植物造景中的运用并指出其优点及缺点（附图或照片说明），完成该绿地植物造景法则运用和效果的分析评价报告。

　　（2）任务要求。

　　①以组为单位完成工作任务，分工要明确、合理。

②现场调研要以小组为单位，注意安全，行为要文明。

③全员参与，组员轮流汇总、撰写调研报告并制作 PPT（PPT 要图文并茂，语言简洁精炼），每组上交一份作业。

📄 考核评价

考核评价表

评价类别	评价内容		学生自评（20%）	组内互评（40%）	教师评价（40%）
过程考核（50分）	专业能力（40分）	资料收集整理（10分）			
		植物色彩搭配设计分析（10分）			
		植物形式美原则分析（20分）			
	职业素养（10分）	工作态度（5分）			
		团队协作（5分）			
成果考核（50分）	报告创新性（10分）				
	报告完整性（10分）				
	报告表述准确性（10分）				
	成果汇报（20分）	汇报思路清晰，逻辑结构合理（5分）			
		语言描述流畅、简洁，行为举止大方（10分）			
		PPT 制作精美、高雅（5分）			
总评					总分
	班级		第　　组	姓名	

任务四　园林植物配置基本形式

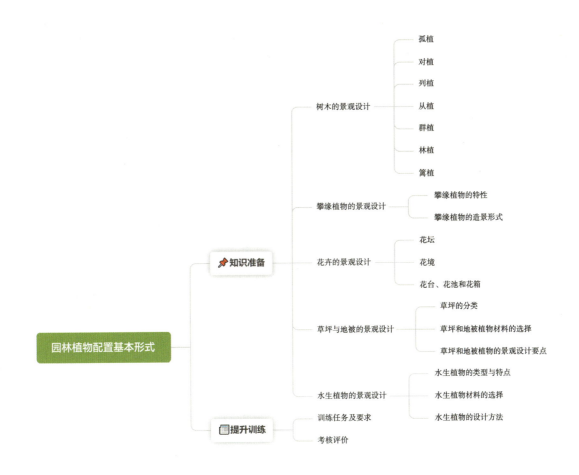

园林植物配置基本形式

知识准备
- 树木的景观设计
  - 孤植
  - 对植
  - 列植
  - 丛植
  - 群植
  - 林植
  - 篱植
- 攀缘植物的景观设计
  - 攀缘植物的特性
  - 攀缘植物的造景形式
- 花卉的景观设计
  - 花坛
  - 花境
  - 花台、花池和花箱
- 草坪与地被的景观设计
  - 草坪的分类
  - 草坪和地被植物材料的选择
  - 草坪和地被植物的景观设计要点
- 水生植物的景观设计
  - 水生植物的类型与特点
  - 水生植物材料的选择
  - 水生植物的设计方法

提升训练
- 训练任务及要求
- 考核评价

学习目标

➤ 知识目标

（1）掌握孤植、对植、列植、丛植、群植、林植、篱植、攀缘植物等树木配置基本形式与造景手法；

（2）掌握花坛、花境、花台、花池和花箱等花卉植物景观配置与造景手法；

（3）掌握草坪与地被植物配置与造景手法；

（4）掌握水生植物配置与造景手法；

（5）掌握园林植物群落的层次空间配置方法。

➤ 技能目标

（1）能利用乔木、灌木、攀缘植物等植物材料进行孤植、对植、列植、丛植、群植、林植、篱植、立体绿化等基础的植物群落单元配置；

（2）能利用常见的草本花卉、木本花卉、一二年生花卉、球根花卉、宿根花卉进行花坛、花境、花台、花池和花箱的设计；

（3）能利用常见的水生植物进行水面、驳岸等局部区域的植物配置设计。

➤ 素质目标

（1）系统掌握园林植物配置基本形式，提升艺术鉴赏品位；

（2）培养精益求精的专业素养和严谨踏实的工作态度。

📋 知识准备

一、树木的景观设计

（1）乔木的特点：树干粗壮，分枝点高，树冠高大饱满，庇荫效果好，寿命较长；乔木的形体、色彩和姿态富有变化，枝叶的分布比较稀疏，有改善小气候和环境方面等生态作用。乔木适合作为主景，也可以用于组成空间和分离空间，起到增加空间层次和屏障视线的作用。

（2）灌木的特点：树冠较矮小，多呈现丛生状，寿命较短，枝叶浓密丰满，形体、色彩和姿态丰富多变，有些品种具有鲜艳美丽的花朵和果实。灌木具有防尘、防风沙、降噪、护坡和防止水土流失等生态作用，在造景方面可作为乔木的陪衬树，丰富树木竖向空间层次，也可用于组织和分隔空间，阻挡较低的视线。

（一）孤植

孤植又称独植，是指乔木或大灌木的孤立种植类型。在特定的条件下，也可将同一树种 2 株或 3 株紧密栽植组成一个单元，远看起来与单株栽植的效果相同（图 4-1、图 4-2）。

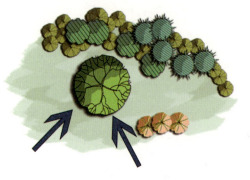

图 4-1 孤植平面图

图 4-2 孤植立面图

1.孤植树的特性

孤植主要表现树木的个体美，包括树干、树冠、色彩、姿态、季相变化等，常作为园林空间的主景。对孤植树木的要求：株形高大，树冠饱满（以圆球形、伞形树冠为佳），姿态优美，并且树干、叶色、叶形、花、果实等具有特色和观赏价值。

2.孤植的景观应用

孤植树既是园林构图的主景、视线的焦点，也是景观构图的画龙点睛之笔，还是植物群落景观的过渡。可因地制宜，利用原地的成年大树作为孤植树，也可进行大树移植。

在开敞空间中，孤植树应布置于构图的自然中心上（非几何中心），要给游人留有足够的活动空间和合适的观赏位置，并衬以天空、水面、草地等色彩单纯又变化丰富的环境背景（图4-3），还要注意保持恰当的观赏距离，既要突出孤植树的主景地位，又要统一于整个园林的构图之中。通常垂直视角为26°～30°、水平视角为45°时观景最佳，视距≥4倍的孤植树木高度为适宜的观赏视距（图4-4、图4-5）。在开阔的空间布置孤植树，也可将2～3株孤植树紧密种植在一起，如同具有丛生树干的株树，以增强其雄伟感（图4-6）。

图4-3 树坛中心孤植树

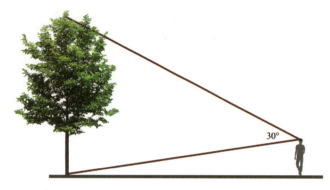

图4-4 最佳视角与景物的关系

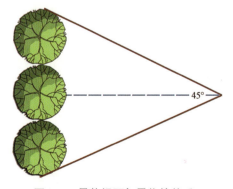

图4-5 最佳视距与景物的关系

图4-6 丛生孤植树

（二）对植

对植是指两株或两丛相同或相似的树按照一定的轴线关系与相互对应关系进行种植的方式。对植分为对称式对植和非对称式对植两种主要形式。

（1）对称式对植：以主体景观的轴线为对称轴，对称种植两株（丛）品种、大小、高度一致的植物（图4-7、图4-8）。

基础篇

实战篇

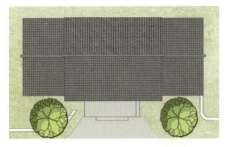

图 4-7　对称式对植平面图

图 4-8　对称式对植立面图

（2）非对称式对植：非对称式对植也称自然式对植，用两株或两丛植物在主轴线两侧按照中心构图法或杠杆均衡法进行配置，形成动态的平衡（图 4-9、图 4-10）。

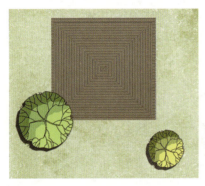

图 4-9　非对称式对植平面图

图 4-10　非对称式对植立面图

1. 对植树的特性

对植树多选用树形整齐优美、生长缓慢的树种，以常绿树为主，很多花色、叶色或姿态优美的树种也适于对植；也可选用可进行整形修剪的树种进行人工造型。

2. 对植的景观应用

对植的树木在园林艺术构图中只做配景，视线焦点向轴线集中，常用于房屋和建筑前、广场入口、大门两侧、桥头两旁、石阶两侧等位置，起引导视线和衬托轴线上主景的作用，或形成框景、夹景，以增强透视的纵深感。例如，园区入口对植两棵体量较大的树木，可以对入口起到强调作用，并且对其周围的景物起到很好的引导作用（图 4-11）；园路两侧的对植能起到框景、引导视线和行动路线的作用（图 4-12）。对植也常用在景亭、廊架等园林建筑、雕塑、景石两侧。所选用的对植树种在姿态、体量、色彩上要与主景相配，既要发挥其衬托和强调的作用，又不能喧宾夺主。

图 4-11　游园入口的对植

图 4-12　园路两侧的对植

（三）列植

列植是指乔灌木按一定的株行距成排种植，或在行内株距以有规律的变化的形式进行种植。列植有单向、环形、顺行、错行等类型（图4-13）。

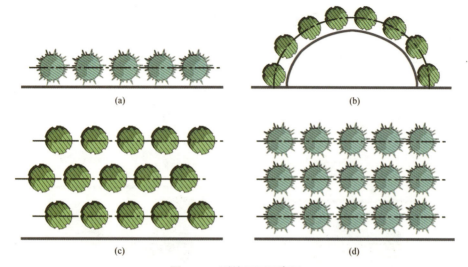

图4-13　列植平面示意图
（a）单向列植；（b）环形列植；（c）错行列植；（d）顺行列植

1. 列植树的特性

列植有施工、管理方便的优点。列植一般选用高大挺拔、树形端庄、冠大荫浓的树种，同时要注意选择树冠、胸径、株高比较整齐的树种。可以用单一树种，也可以将两三个树种相间搭配，总体上要有节奏变化和韵律感。

2. 列植的景观应用

列植在园林景观中发挥着联系、背景、隔离和屏障的作用，可形成夹景和障景，体现出规整简洁、气势宏伟的景观效果。列植树木形成片林，可作背景或起到分割空间的作用，通往景点的园路可用列植的方式引导游人视线。列植多用于公路、城市道路、广场、大型建筑周围、防护林带、水边等（图4-14、图4-15）。

图4-14　行道树的列植

图4-15　苏州万科公园大道的错行列植

（四）丛植

丛植是指两株以上至十余株同种或异种的树木按照一定的构图方式组合在一起，使其林冠线彼此紧密而形成一个整体的外轮廓线。

丛植树的选择和搭配既要有调和又要有对比，既有相通又有相殊，四株及以下的丛植最多只能应用两种不同的树种，并且相互之间在体形、姿态、大小、动势上既有差异又有呼应。

（1）二株树丛的配置。二株配置如明朝画家龚贤所论，"二株一丛，必一俯一仰，一欹一直，一向左一向右，一平头一锐头，二根一高一下"。两树间距不大于两树冠平均直径的1/2，这样既能保证构图的整体性，也避免树冠生长空间互相干扰、下木树采光不好等造成生长不良（图4-16）。

（2）三株树丛的配置。三株配置中，大单株和小单株为一组，与中单株在动势上相互呼应。三株配置的平面构图为任意不等边三角形（图4-17）。

 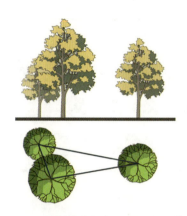

图4-16　二株树丛平面、立面构图　　　图4-17　三株树丛分组与平面、立面构图

（3）四株树丛的配置。四株配置中任意三株不能种在一条直线上，一般按3：1分组，大单株和小单株都不能单独成为一组。四株配置的平面构图为任意不等边三角形和不等边四边形（图4-18）。

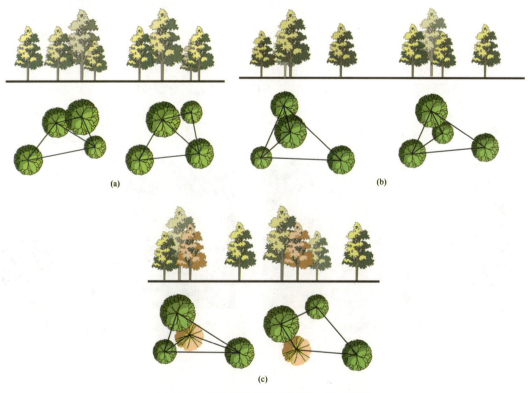

图4-18　四株树丛分组与平面、立面构图
（a）同一种树的不等边四边形平面、立面构图；（b）同一种树的不等边三角形平面、立面构图
（c）两种树种，单株树种位于三株树种中部的平面、立面构图

（4）五株树丛的配置。

①相同树种。整体按不等边三角形、不等边四边形、不等边五边形构图。将树木分成两组：按4∶1分组时，大单株和小单株都不能单独成为一组；按3∶2分组时，体量最大的一株必须在三株中的一组（图4-19）。

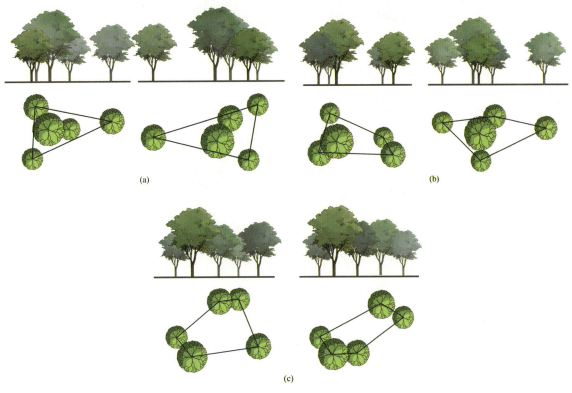

图4-19　五株配置相同树种平面、立面构图

（a）相同树种不等边三角形平面、立面构图；（b）相同树种不等边四边形平面、立面构图；
（c）相同树种不等边五边形平面、立面构图

②不同树种。整体平面构图按不等边三角形、不等边四边形、不等边五边形构图。按4∶1分组时，大单株和小单株都不能单独成为一组；按3∶2分组时，两种树应该分散在两组中，体量最大的一株须在三株中的一组（图4-20）。

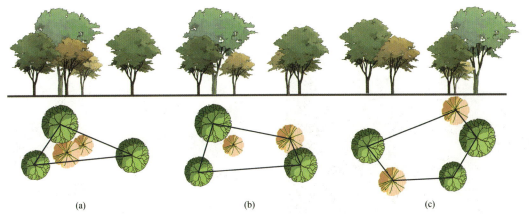

图4-20　五株配置不同树种平面、立面构图

（a）不等边三角形构图；（b）不等边四边形构图；（c）不等边五边形构图

（5）六株及以上树丛的配置。六株及以上植物进行配置，实际上就是二株、三株、四株、五株几个基本形式的相互合理嵌套与组和（图4-21）。

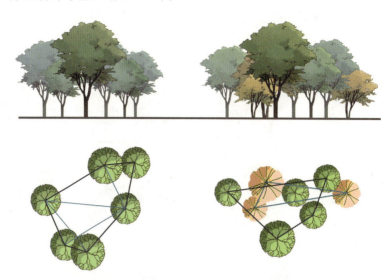

图4-21　六株及以上树丛分组与构图

1.丛植的特性

丛植应根据景观的需要确定树丛的体量、搭配的风格等，从而确定植物的品种、规格。以遮阴为主要目的树丛常选用乔木，并多用单一树种，树丛下也可适当配置耐阴花灌木。以观赏为目的的树丛，为了延长观赏期，可以选用几种树种，并注意树丛的季相变化，最好将落叶乔木与春季观花、秋季观果的花灌木及常绿树种配合使用，并可于树丛下配置耐阴的地被植物。

2.丛植的景观应用

在空间景观构图上，树丛可作为局部空间的主景、背景、配景等，也可发挥障景、隔景的作用，并兼有分隔空间和遮阴的作用。

树丛常布置在大草坪中央、土丘、岛屿等地做主景或点缀在草坪边缘、水边（图4-22）；也可布置在园林绿地出入口、路叉和弯曲道路的部分，引导游人按设计路线欣赏园林景色；可用在景墙、景亭、廊架、水景、雕塑等园林小品后面作为背景和陪衬，烘托景观主题，丰富景观层次，活跃气氛（图4-23）；还可用在景墙、景亭、廊架等建筑物前面或侧面，起到障景或配景的作用，起到营造小尺度空间景观层次和软化建筑线条的作用（图4-24）。运用写意手法，将几株树木丛植，姿态各异，相互趋承，便可形成一个景点或构成一个特定空间。

图4-22　水边丛植

图4-23　树丛作为景墙背景树（苏州博物馆）

图 4-24　景亭侧面配景丛植植物

（五）群植

较大面积的多株树木的栽植称为群植。群植是由乔灌木混合成群（一般在 20 株以上）栽植而成的类型。

（1）单纯群植：由一个树种构成，为丰富景观效果，树下可用耐阴宿根花卉作地被。

（2）混交群植：群植的主要形式，3～5 层多层结构（乔木、亚乔木、大灌木、小灌木、草本），层次明显（图 4-25）。

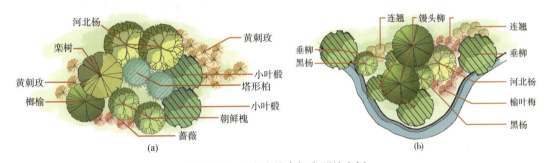

图 4-25　北京陶然亭标本群植实例

（3）带状群植：当树群平面投影的长度大于 1：4 时，称为带状群植，多用于组织空间（图 4-26）。

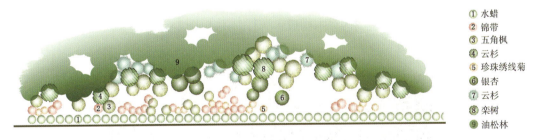

① 水蜡
② 锦带
③ 五角枫
④ 云杉
⑤ 珍珠绣线菊
⑥ 银杏
⑦ 云杉
⑧ 栾树
⑨ 油松林

图 4-26　带状群植案例平面图

1. 群植的特性

群植树种数量不宜太多，有 1～2 种乔木为主体，乔木层应为阳性树种；亚乔木层与大灌木层为阳性和半阴性，可适当选取一定数量的观花、观彩色叶树种；灌木层为半阴性和耐阴性树种，以花木为主；草本植物以多年生宿根地被植物为主。同时要考虑到一年四季的景观变化。

2. 群植的景观应用

群植能够表现出植物群体美，在园林中可做背景，在自然风景区中也可作主景，观赏视距为树高的4倍以上。

（1）群植的平面构图。群植的造景要做到平面构图和谐协调、动势均衡；植株栽植应有疏有密，疏可走马，密不容针。林缘线要有婉转迂回的变化，可开设"天窗"，以利光线进入，既要有利于植物的生长，又能在不同天气、不同季节和一天中不同的时间段形成林间特有的光影效果，增加景观的艺术性和游览的趣味性。群植景观既要有观赏中心的主体乔木，又要有衬托主体的添景和配景。两者通过低矮的灌木或地被形成视觉上的联系和过渡（图4-27、图4-28）。

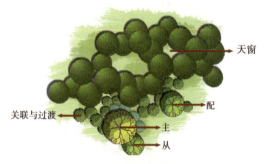

图4-27　群植平面构图原则

图4-28　公园植物群植景观

（2）群植常见的垂直分层结构与立面层次搭配。群植景观设计应遵循生态学原理，模拟自然群落的垂直分层现象配置植物，以获得相对稳定的植物群落。选取大乔、小乔、大灌、小灌、地被（草坪）植物合理搭配，按照造景要求，形成2～5层结构的立面层次空间。

（六）林植

林植是指成片、成块大量栽植乔灌木构成的林地或森林景观。

1.林植的特性

林植一般以乔木为主，有疏林和密林等形式，而从植物组成上分，又有纯林和混交林的区别，景观各异。

2.林植的景观应用

（1）疏林。疏林常用于大型公园，并与大片草坪或地被植物相结合。

①草地疏林。草地疏林常由单纯的乔木构成，株行距不小于成年树冠直径，留出小片林间隙地供游人游憩，在景观上具有简洁、淳朴之美（图4-29）。

图4-29　草地疏林

②花地疏林。林下花卉可单一品种也可多种搭配布置成花境。花地疏林应设置自然式道路，沿路可设置座椅、廊架、休息亭、景石、雕塑小品等，点缀和丰富景观的同时，提升游览的舒适度和体验感。

③疏林广场。疏林广场多设置于游人活动和休息使用较频繁的环境，林下作硬地铺装，树木种植于树池中。树种选择时还要考虑具有较高的分枝点，以利于人员活动（图4-30）。

（2）密林。密林一般用于大型公园和风景区，郁闭度常在0.7～1.0，阳光很少透入林下。密林在满足人们休息、游览与审美要求的同时，还具有效保护和改善环境大气候、维持环境生态平衡、生产某些林副产品等作用（图4-31）。

图4-30　沈阳北陵公园疏林广场

图4-31　避暑山庄外八庙林植

①单纯密林。单纯密林是由一个树种组成，或混有极少量其他树种的林分景观。单纯密林缺乏丰富的景观层次和季相变化，但更容易营造纯洁、统一的空间感受。单纯密林适于作为景观背景或远景观赏，兼具有防护林的生态效益。同龄林植物的生长速度一致，可营造出简洁壮观的氛围；异龄林结合地形起伏变化，也可打造出优美的林冠线。

②混交密林。混交林由多种树种组成，树冠线延绵起伏，色彩丰富，是一个具有多层结构的植物群落。混交林季相变化丰富，充分体现质朴、壮阔的自然森林景观，而且抗病虫害能力强。供游人欣赏的林缘部分，要注意优化其垂直层分层结构，同时注意竖向构图的留白。为了能使游人深入林地，密林内部有自然式园路通过，或留出林间隙地造成明暗对比的空间，但沿路两旁的植物需要适当降低植物的种植密度和郁闭度，以减少压抑感，增强安全感，游人漫步其中犹如回到大自然中，必要时还可以留出大小不同的空旷草坪，可附设一些简单构筑物，以供游人短暂休息。利用林间溪流等水体，种植水生花卉，潺潺流水，茂林修竹，意境深远，意味深长。

（3）林冠线与林缘线。

①林冠线。林冠线是指水平望去，远景植物群落的树冠与天空的交际线。如图4-32（a）所示，利用地形高差变化，布置不同的植物，获得高低不同、线条饱满流畅、富于变化的林冠线。如图4-32（b）所示，用一两株高大的乔木打破平直简单的林冠线，同时也起到了标示和引导作用。

在绘制景观设计效果图和进行背景植物（远景植物）的种植设计时，也要充分考虑到林冠线的问题，如图4-43所示。为了追求好的艺术效果，中景树、远景树可以选用不同色彩、高度、质感的植物材料，形成两条林冠线，以求达到层峦叠嶂、意境深远的效果，如图4-34所示。

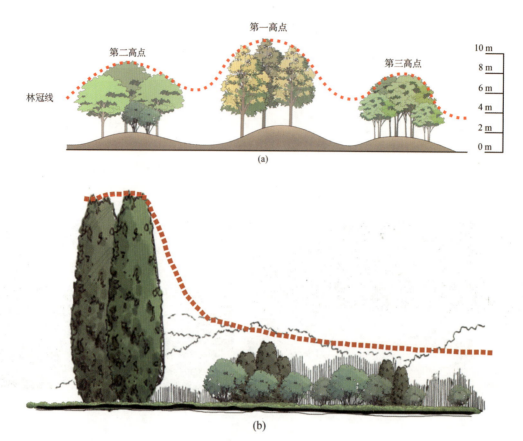

图 4-32　林冠线

图 4-33　景观设计效果图中林冠线的设计与表现

图 4-34　远景、中景植物种植设计林冠线效果

　　②林缘线。林缘线是指树林或树丛、花木边缘上树冠垂直投影于地面的连接线（即太阳垂直照射时，地上影子的边缘线），是植物在平面构图上的反映。林缘线是划分植物空间的重要手段，勾勒空间状态、景深和透视线的开辟、气氛的形成等都要依靠林缘线的设计。同一个地块设计不同的林缘线，空间景观会有很大差异。如图 4-35 所示：图（a）为半开敞空间，林缘线不长，但视觉感觉很开阔；图（b）的林缘线东西长，南北短，如果配合地形设计（东西向坡度），则可以从视觉上加强地形的倾斜感，起到拉伸纵深空间的作用；图（c）的林缘线不长且完全闭合，可以配合地形设计（中间高，四周低），营造出封闭小空间的感觉，犹如一块林中空地。

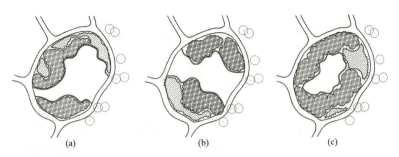

图4-35 同一地块不同林缘线营造出不同的植物空间效果

(a)　　　　　　　(b)　　　　　　　(c)

林缘线的敞开面，往往也形成了透视线的延展面，有效控制观赏者的视线焦点与游移。在传统的五重层次种植中，中上层植物决定空间的林冠线，下层植物决定空间的林缘线。林缘线控制平面空间开合关系，林冠线的起伏决定立面空间的层次感受。

（七）篱植

灌木或小乔木以近距离的株行距密植，呈紧密结构的规则种植形式称为篱植。篱植具有划分与围合空间、形成视觉屏障、引导视线、设置背景或构成专门景点等作用，同时兼具防尘、降噪、水土保持等生态功能。

1. 篱植树的特性

绿篱植物应具有分枝能力强、枝叶繁茂、耐修剪、生长速度慢等特点。绿篱按高度划分可分为矮绿篱、中绿篱、高绿篱、绿墙。绿篱按设计形式和观赏特性可分为常绿篱、落叶篱、花篱、彩叶篱、果篱、刺篱、蔓篱、编篱等，见表4-1和表4-2、图4-36和图4-37所示。

表4-1　按修剪高度划分绿篱类型

分类	功能	植物材料
矮绿篱 <0.5 m	植物模纹，花坛、花境镶边	月季、黄杨、赤杨、矮栀子、六月雪、千头柏、万年青、地肤、一串红、彩色草、朱顶红、红叶小檗、茉莉、杜鹃、金山绣线菊、金焰绣线菊等
中绿篱 0.5～1.2 m	分割空间，防护，围合，建筑基础种植	栀子、彩叶兰、含笑、木槿、红桑、吊钟花、变叶木、金叶女贞、金边珊瑚、小叶女贞、七里香、海桐、火棘、枸骨、茶叶、水蜡、锦带、连翘、榆叶梅等
高绿篱 1.2～1.6 m	划分空间，遮挡视线，构成背景，防尘，防噪	构树、柞木、法国冬青、大叶女贞、桧柏、簸箕柳、榆树、锦鸡儿、火炬树、紫丁香、榆叶梅等
绿墙 >1.6 m	替代实体墙，用于空间围合、分割空间和作背景	龙柏、扇骨木、珊瑚树、火棘、女贞、山茶、石楠、木樨、桧柏、紫丁香、胶东卫矛等

表4-2　按设计形式和观赏特性划分绿篱类型

分类	功能	植物材料
常绿篱	遮挡视线，分割与围合空间，防风防尘	圆柏、洒金柏、千头柏、侧柏、大叶黄杨、小叶黄杨、雀舌黄杨、龙柏、花柏、翠柏、冬青、无刺枸骨、海桐、石楠、月桂、枸骨等
落叶篱	分割与围合空间	榆树、丝棉木、小檗、紫穗槐、女贞、水蜡等
花篱	观花，分割与围合空间	日本绣线菊、珍珠绣线菊、月季、杜鹃、木槿、荚蒾、锦带等
彩叶篱	观叶，分割与围合空间	金边黄杨、金叶瓜子黄杨、紫叶小檗、金叶女贞、洒金柏、红花檵木、金叶小檗、红叶女贞、金边黄杨、绣线菊、金叶榆、红桑、火炬树、扫帚草等
果篱	观果，分割与围合空间，遮挡视线	冬青、枸骨、水蜡、忍冬、胶东卫矛、卫矛、火棘、沙棘、荚蒾等
刺篱	避免人、动物穿越，强制隔离，防范	冬青、枸骨、玫瑰、月季、香圆、藤本月季、云实、木香、黄刺玫、多季玫瑰等

续表

分类	功能	植物材料
蔓篱	防范，划分空间	金银花、凌霄、蔷薇、茑萝等
编篱	防范，划分空间	杞柳、枸杞、雪柳、紫穗槐等

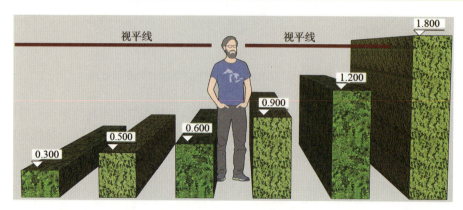

图 4-36　按高度划分绿篱类型

（a）　　　　　　　　　　　　　　　（b）

（c）

图 4-37　绿篱
（a）矮绿篱；（b）中绿篱、落叶篱；（c）花篱

2. 绿篱的景观应用

（1）划分范围与围护作用。绿篱可以组织游人的游览路线，使游人按照所规划的范围和路线参观游览，如图 4-37（b）所示。绿篱是具有防范作用的边界，可用刺篱、高篱或绿篱内加铁刺丝。

（2）分隔空间和屏障视线。园林中常用绿篱或高于视线的绿墙分区和屏障视线，分隔不同功能的空间，使"动"与"静"分隔开来，减少互相干扰；或使强烈对比、风格不同的布局形式得到缓和。高绿篱还可组成植物迷宫运用在儿童游戏区域。

（3）作为规则式园林的区划线。以中绿篱作分界线，以矮绿篱作为花境的边缘、花坛和观赏草坪的图案花纹。绿篱可丰富花园的内容，增添景观的趣味性。

（4）作为园林小品的背景。绿篱可作为花境、花坛、喷泉、雕像、景墙等园林小品的背景。其高度要与园林小品高度相称，色彩避免跳跃杂乱，尽量选暗绿色植物。

（5）与防护使用设施相结合。绿篱可与防护使用设施相结合，集实用性与观赏性于一体，如美化挡土墙（图4-38）等。

（6）作为空间主景。各种不同的或相同的高绿篱、中绿篱或矮绿篱搭配在一起，可修剪组成不同的图案，以地形、草坪、水体或其他的园林要素作为陪衬或图底，从而构成空间主景，如图4-39所示。

图4-38　绿篱结合挡土墙

图4-39　法式植雕园、中绿篱、高绿篱

二、攀缘植物的景观设计

攀缘植物（缠绕类、吸附类、卷须类、蔓生类）利用其攀缘习性和观赏特性，单独或与其他草木本混合播种，广泛应用于棚架、花格、篱垣、栏杆、山石、阳台和屋顶等垂直绿化。

微课：攀缘植物的景观设计

（一）攀缘植物的特性

攀缘植物进行垂直绿化具有占地少、见效快、绿量大等优点。在品种选择与搭配上要注意充分利用当地乡土树种，适地适栽，植物材料之间种间搭配层次丰富，并且要与被绿化物在色彩、风格上相协调，见表4-3。

表4-3　攀缘植物的观赏特性

观赏特性		植物材料
观叶	绿叶	木通、海金沙、络石、乌蔹莓、荷包藤、蔓长春花、金银忍冬、南蛇藤、葡萄
	彩叶	金线吊乌龟、吊葫芦、蝙蝠葛、龙须藤、台尔蔓忍冬、绿萝、常春藤、斑叶箪草、花叶蔓常春花
	常绿	绿萝、龟背竹、崖爬藤、麒麟叶、薜荔
	秋季变色	五叶地锦、地锦、扶芳藤

续表

观赏特性		植物材料
观花	白色系	白蔷薇、络石、木香、月光花、铁线莲、北清香藤
	红色系	凌霄、炮仗花、叶子花、蔷薇、莴萝、五爪金龙
	蓝色系	云实、玉叶金花、探春、软枝黄蝉、紫藤、牵牛、兰花鸡蛋果、大瓣铁线莲、紫花络石
	黄色系	金银忍冬、台尔蔓忍冬
	变色系	使君子、金银花
	花香	蔷薇、络石、紫藤、木香、茉莉、夜来香
观果	红色	五味子、南五味子、买麻藤、菝葜、瓜馥木、蜈蚣藤
	蓝色	蛇白蔹、葡萄、西番莲
	黄色	南蛇藤、海风藤、野木瓜
体会意境美		紫藤（欢迎）；常春藤（友谊、信任、忠贞、节操）；香豌豆（离别）；南蛇藤（真实、诚实）；忍冬（高洁而忠实的爱情）；凌霄（声誉、名声）；牵牛花（辛苦、勤奋）

（二）攀缘植物的造景形式

1. 附壁式造景

附壁式造景是将攀缘植物种植设计于建筑物墙壁或墙垣基部附近，使其沿着墙壁攀附生长，创造垂直立面绿化景观的形式。这是占地面积最小而绿化面积大的一种设计形式。附壁式造景能柔化建筑物外观，使假山、山石更富自然情趣，还可起到固土护坡、防止水土流失的作用，如图4-40所示。

2. 篱垣式造景

篱垣式造景是利用篱架、栅栏、矮墙垣、铁丝网等作为攀缘植物依附物的造景形式。篱垣式造景既有围护防范功能，又能很好地美化装饰环境。因此，园林绿地中各种竹篱架、木篱架、铁栅、矮墙等多采用攀缘植物绿化美化，如图4-41所示。

图4-40　附壁式造景　　　　　　图4-41　篱垣式造景

3. 棚架式造景

棚架式造景是利用廊架等建筑小品或设施作为攀缘植物生长的依附物的设计形式。棚架式造景既可成为局部空间的主景，也可作为室内到室外空间的过渡。棚架式造景既有装饰作用，也有遮阴的实用价值，如图4-42所示。

（1）立柱式造景。立柱式造景是攀缘植物依附柱体攀缘生长的垂直绿化设计形式。柱体可以是各种建筑物的立柱，也可以是园林环境中的电信电缆立杆等其他柱体。攀缘植物或靠吸盘、不定根，直接附着于柱体生长，或通过绳索、铁丝网等攀缘而上，形成垂直绿化景观，如图4-43所示。

图4-42　棚架式造景　　　　　　　　图4-43　立柱式造景

（2）悬蔓式造景。悬蔓式造景是在建筑物的较高部位设计种植攀缘植物，并使植物的茎蔓垂挂于空中的造景形式，如在屋顶边沿、遮阳板或雨篷上、阳台或窗台上、大型建筑物室内、走廊边等种植攀缘植物，形成垂帘状的植物景观，如图4-44所示。

图4-44　悬蔓式造景——苏州同里古镇景区

三、花卉的景观设计

除观赏价值的草本植物外，花卉还包括草本地被植物、木本地被植物、花灌木、开花乔木、盆景及温室观赏植物等。在城市绿化中，常常利用各种花卉布置花坛、花境等，使园林空间绚丽多彩，充满生机与活力。

（一）花坛

花坛是在具有一定几何形状的植床内对观赏花卉规则式种植，运用植物群体效果来体现图案纹样、立体造型或绚丽景观色彩的一种花卉应用形式。

基础篇

实战篇

1. 花坛的类型与特点

花坛可按照造型特点、种植方式、观赏季节等多种方式进行分类，我们现如今常用的分类方式是按照盛花花坛、模纹花坛、标题花坛、装饰物花坛、立体造型花坛、基础花坛、造景花坛进行分类。如表4-4、图4-45所示。

表4-4　花坛的类型与特点

花坛类型	植物材料的特性	造型设计与用途
盛花花坛	开花整齐茂盛，花期较长。花坛图案简洁，色彩明快，对比度强	花丛花坛：多作主景，布置在大门口、公园、小游园、广场中央、交叉路口。 带状花坛：多作主景，布置在街道两侧、公园主干道中央。有时作配景布置在建筑墙垣、广场或草地边缘。 花缘：作配景，常作草地、道路、广场的镶边装饰或基础栽植
模纹花坛	色彩丰富，枝叶茂盛，观赏期长，生长缓慢，耐修剪	以华丽复杂的图案纹样为表现主题
标题花坛	观花或观叶植物	图案要有明确的主题，如文字、肖像、象征性图案、标志物等，一般设置成斜面或立面
装饰物花坛	观花或观叶植物	具有一定使用目的，如日历花坛、时钟花坛，一般设置成斜面
立体造型花坛	枝叶细密矮小的植物栽植在一定结构的立体造型骨架上	造型灵动、丰富，如花篮、花瓶、花球、花柱、动物等
基础花坛	观花或观叶植物	置于建筑物的墙基及喷泉、水池、雕塑、山石、树基等周围，美化和突出装饰主体
造景花坛	多种植物材料	多作主景，有明确主题立意的较大型园林花坛景观

（a）

（b）

（c）

图4-45　花坛
（a）标题花坛；（b）立体造型花坛；（c）基础花坛

2. 花坛材料的选择

花坛用草花宜选择株形整齐、多花美观、花色鲜亮、开花齐整、花期长、耐干燥、抗病虫害的矮生品种。除此之外，模纹花坛还应选择生长缓慢、分枝紧密、叶子细小、耐移植、耐修剪的植物材料，如果是观花植物要选择花小而繁、观赏价值高的种类。

常用的花卉材料有金鱼草、雏菊、金盏菊、翠菊、鸡冠花、石竹、矮牵牛、一串红、万寿菊、三色堇、百日草、萱草、金娃娃萱草、义丽花、美女樱、美人蕉、鸢尾等。常用的观叶植物有虾钳菜、红叶苋、半枝莲、香雪球、矮藿香蓟、彩叶草、石莲花、五色草、松叶菊、景天、菰草等。

3. 花坛的设计方法

花坛的设计要考虑到主题、所在地域、季节、平面构图、色彩搭配、人的视角、观察舒适度、与周围环境的协调统一等多种因素。

（1）花坛的位置和形式。花坛一般设置在主要交叉道口、道路两侧、公园主要出入口、主要建筑物前等视觉焦点处。花坛的大小、外形结构及种类应与四周环境相协调。在公园或建筑物的主要出入口位置，花坛应规则整齐，精致华丽，多采用模纹花坛；在主要交叉路口或广场上应以鲜艳的花丛花坛为主，作为醒目的标志；纪念空间、医院的花坛色彩应素淡，形成严肃、安宁、沉静的氛围。另外，花坛的外形应与场地形状相协调。

（2）株高配合。花坛中的内侧植物要略高于外侧，由内而外，自然、平滑过渡，若高度相差较大，可采用垫板或垫盆的办法来弥补，使整个花坛表面线条流畅。

（3）花色协调。同一花坛中的花卉颜色应对比鲜明，互相映衬。对比色相配，效果醒目；类似色相配，色彩不鲜明时可加白色调剂；若采用同一色调中不同颜色的花卉，应间隔配置。

（4）图案设计。用花坛设计平面图来表示花坛图案设计，根据花坛体量和精细程度要求，通常选用 1 : 50、1 : 40、1 : 30、1 : 20 的比例进行绘制，精细图案应简洁明快、线条流畅，尽量采用大色块构图，镶边植物应低于内侧花卉。

（5）视角、视距设计。一般的花坛都位于人的视平线以下，如图 4-46 所示，假设人的视高为 1.65 m，视平线以下由近及远依次为视野模糊区、视野清晰区、视野变形区。从视角、视距角度分析，花坛设计应遵循以下规律，如图 4-47 所示：

①距离驻足点 0 ～ 1.4 m 范围内，应以草坪地被为主。

②距离驻足点 1.5 ～ 4.5 m 范围内，观赏效果最佳，可以设计花坛图案。

③当观赏视距＞ 4.5 m 时，花坛表面应倾斜，倾角≥ 30° 就可以看清楚花坛图案；倾角达到 60° 时效果最佳，这样既方便观赏，又便于养护管理。另外，还可通过降低花坛的高度，即采用沉床式花坛增强观赏效果。

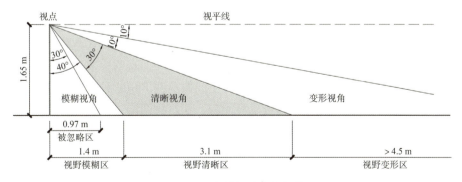

图 4-46　人的视觉变化规律

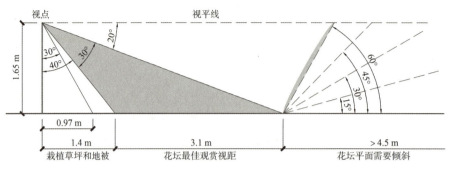

图 4-47　花坛位置布设规律

（6）植物材料表。植物材料表内容包括植物名称、株高、花期、花色、栽植面积与密度或用量及备注。

（7）花坛设计实例。图 4-48 为公园绿地交叉口盛花花坛设计，花坛直径为 6 m，采用中心对称几何图案布置，相邻植物颜色差异较大，活泼、明快，视觉冲击力强，且选用株高较低的植物，避免遮挡行人视线。

图 4-48　花坛种植设计方案

花坛植物评价表

序号	名称	颜色	株高（cm）
1	美女樱	红	40
2	万寿菊	黄	30
3	孔雀草	红	20
4	香雪球	白	20
5	卧茎景天	绿	10

（二）花境

花境所用花材以一年生、二年生花卉为主，兼顾球根花卉、宿根花卉及木本植物，以自然斑状形式进行带状自然式栽植花境，多用于林缘、路边，或以绿篱、景墙和建筑物为背景进行布置。

1. 花境的分类

按照栽植植物的类型划分，花境可分为一年生或二年生花卉花境、多年生植物花境、灌木花境、专类花境、观赏草花境和混合花境。按照位置与作用，花镜可分为路缘花境、林缘花境、隔离带花境、岛式花境。

按照布局形式划分，花境可分为单面观赏花境、双面观赏花境和对应式花境。单面观赏花境常以建筑物、矮墙、树丛、绿篱等为背景，整体上前低后高，仅供一面观赏。双面观赏花境没有背景，多布置在道路转角、道路中央隔离带和广场中央、草坪上或树丛间，植物种植时中间高两侧低，供两面观赏。对应式花境布置在园路的两侧、广场或草坪周围、建筑物四周，配置左右两列，多采用拟对称的手法，以求富有节奏和变化。按照设计色彩划分，花境又可分为单色系花境、类似色花境、补色花境、多色花境。花境的整体表现风格宜与周边环境相互协调，或热烈多彩，或野趣盎然。

2. 花境植物材料的选择

花境植物应该以乡土植物为主，选择抗性强、低养护、观赏期长、色彩丰富、质地有别、景观价值高的植物，同时要兼顾季相变化和植株间高度的变化，错落有致，见表 4-5。

表 4-5 常用花镜植物

分类	植物材料
宿根、球根观花观叶植物	大花萱草、玉簪、鸢尾、美国薄荷、宿根福禄考、宿根美女樱、绵毛水苏、火炬花、月见草、火星花、白芨（白及）、紫娇花、黄金菊、紫叶酢浆草、醉鱼草、亚菊、飞燕草、蜀葵、黄葵、金鱼草、蛇目菊、芍药等
观赏草	细叶芒草、蒲苇、细叶针茅、金叶苔草、血草、玉带草、狼尾草、柳枝稷、斑叶芒、花叶芒、蓝羊茅、拂子茅、垂穗草、花叶燕麦草等
一二年生草花	美女樱、藿香蓟、四季海棠、孔雀草、美人蕉、矮牵牛、翠菊、雁来红、百日草、大丽花、金苞花、金鱼草、波斯菊、金鸡菊、福禄考、紫菀、天竺葵等
灌木	金叶莸、兰花莸、金叶接骨木、红瑞木、锦带、月季、杜鹃、山梅花、蜡梅、麻叶绣球、珍珠梅、夹竹桃、笑靥花、郁李、棣棠花、连翘、迎春花、榆叶梅等

3.花境的设计方法

（1）花境的设计尺寸与平面设计。花境设计形式是沿长轴方向推进的带状连续构图，花境的长度取决于具体场地环境。一段花境的长度不宜超过 20 m。过长花境可分为几段设计，使各段植物材料的色彩有所变化，通过段间重复的方法可表现植物韵律美感，通过渐变的方法保证各段之间的联系。花境不宜过宽，并要与背景的高低、道路的宽窄成比例，即墙垣高大或道路很宽时，花境也应宽一些。如果场地较宽，最好在花境与背景植篱之间留出一定距离。花境也不宜离建筑物过近，至少要距离建筑物 400 ～ 500 mm，种上草坪或铺上卵石作为隔离带，可以避免树木根系影响花境植物的生长，同时也方便养护管理。花境平面布置形式可分为色块式布置和群落式布置两种形式。色块式布置即某几种花卉植物以色块形式进行营造，其特点是色彩鲜明，容易烘托出氛围，施工及后期养护难度不大。群落式布置即模仿大自然野花群落模式进行花境打造，其风格相对野趣，但后期施工养护难度较大。花境植物材料的搭配，不应呈规则的块状，而是自然错落分布，各种花卉呈斑块状混合，面积可大可小，但不宜过于零碎和杂乱。

（2）花境的立面设计。立面设计即通过不同植物高低、轮廓对比来达到高低错落、层次丰富的立面设计效果。按照观赏层次的前后可分为前景观赏层（＜ 0.3 m）、中景观赏层（0.3 ～ 1 m）和背景观赏层（1.5 ～ 3 m）三个层次。如果设计两面观赏的花境，中部以较高的花灌木为主，在其周围布置较矮的宿根花卉，如鸢尾、一串红、萱草、万寿菊等，外围配酢浆草、天门冬、景天、美女樱等镶边植物，形成高、中、低三个层次。如果设计单面观赏花境，应在后面栽植灌木或较高的花卉，前面配置低矮的花草，但适当位置可将较高植物拉到前景种植以形成错落的景观效果。另外，花境植物的高度不要高过背景，在建筑物前一般不要高过窗台。路缘花境和林缘花境主要为单面观赏花境，其微地形营造宜以斜坡形为主，强调观赏面前中后景的层次感。中央隔离带花境主要为双面观赏花境，其微地形营造宜以龟背形为主，有利于其双面观赏层次的营造。台式、岛式花境为多面观赏花境，地形营造应与主次景相互协调，互为映衬。

（3）花境的色彩设计。花境色彩主要由植物的花色和叶色体现，宜根据不同场地和季节选择适宜的色彩来体现设计意图。群落式布置色彩缤纷，但对设计者艺术素养、植物熟悉程度要求较高。考虑色彩搭配的同时还要考虑花期的配合及季相变化。

（4）花境植床设计。花境植床一般应稍高出地面。在有路边石的情况下，处理方法与花坛相同；没有路边石的花境，植床外缘与草地或路面相平，中间或内侧应稍稍高起，形成5° ～ 10° 的斜坡，以利于排水。

（5）花境设计制图流程。首先确定花境的平面轮廓和大致的布局形式，以及花境的观赏期和主色调，然后绘出各种花卉材料的栽植位置和范围面积，之后选择花卉材料，利用引出线或编号标注各种花卉材料，最后进行设计方案的调整，在图中列表填写所用花卉的名称、数量、规格、色彩、花期等内容，并说明花境栽植的要求和注意事项等。

（6）花境设计案例。

①路缘花境。路缘花境常设置在道路一侧或两侧绿地上，其上层可能有行道树等高大乔灌木。路缘花境多采用有规律的自然式或规则式组团，间隔重复，营造节奏感和韵律感，既富于变化又和谐统一（图4-49）。

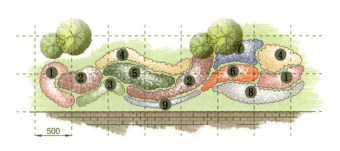

图4-49　路缘花境设计案例

路缘花境植物设计表

序号	植物名称	高度/cm
1	金鱼草	30
2	假龙头	40
3	彩叶草（绿）	30
4	细叶芒	60
5	八宝景天	40
6	孔雀草	20
7	绣球（草）	50
8	银叶菊	15
9	三色堇	15

②林缘花境。林缘花境是指设置在灌木林或丛林前面的花境类型，将树丛作为背景，草坪作为前景，搭配时需考虑植物的层次性，突出花境多层次的特点（图4-50）。

图4-50　林缘花境设计案例

林缘花境植物设计表

序号	植物名称	高度/cm
1	半枝莲（黄）	20
2	彩叶草	15
3	大丽花（橙）	30
4	皇帝菊	20
5	鼠尾草	40
6	石竹	40
7	金鱼草	45
8	矮牵牛	15
9	大叶黄杨	50
10	水腊球	80
11	茶条槭	60

③隔离带花境。隔离带花境通常布置在道路中间或附近，起到隔离作用，植物组团的尺度较其他形式的花境大，管理上较粗放，尽量选择观赏期长、抗逆性强的植物品种（图4-51）。

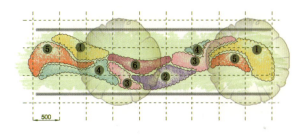

图4-51　隔离带花境设计案例

隔离带花境植物设计表

序号	植物名称	高度/cm
1	孔雀草	20
2	矮牵牛	15
3	金鱼草	30
4	三色堇	15
5	凤仙花	20
6	鸢尾	30

④岛式花境。岛式花境是指设置在道路交叉口、街旁绿地等节点位置的花境，常常是重要的视线焦点和标志节点，具有标识性强、艺术化等特点（图4-52）。

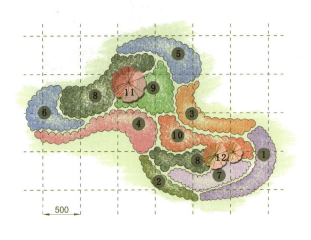

岛式花境植物设计表

序号	植物名称	高度/cm
1	三色堇	15
2	细叶麦冬	15
3	金鱼草	30
4	石竹	30
5	一串蓝	30
6	鼠尾草（蓝）	40
7	紫罗兰	35
8	金叶假连翘	40
9	滴水观音	60
10	花叶美人蕉	50
11	造型簕杜鹃	160
12	紫锦木	100

图4-52　岛式花境设计案例

（三）花台、花池和花箱

1. 花台

花台是一种明显高出地面的小型花坛，是以植物的形体、花色及花台造型为观赏对象的植物景观形式。花台常设置于广场和庭院之中，或建筑物周围、道路两侧，也可与假山、座椅、景墙等结合（图4-53）。

2. 花池

花池是利用砖、混凝土、石材、木头等材料砌筑边池，砌筑讲究纹理和结构，高度一般低于0.5 m，有时低于自然地坪，池内填种植土，设排水孔，可直接栽植花木，也可放置盆栽花卉。花池多选用株型整齐、低矮、花期较长的植物材料（图4-54）。

图4-53　花台与座椅、地形相结合

图4-54　花池

3. 花箱和花钵

花箱是用玻璃钢、钢筋混凝土、木材、塑料、竹等材料制成专用于栽植或摆放花木的小型容器，如图4-55所示。花钵是用花岗石、玻璃钢等制作的半球形碗状栽植容器，如图4-56所示。花箱和花钵一般都是可移动的，使用方便灵活。

基础篇

实战篇

图4-55 组合花箱

图4-56 花钵与花坛组合

四、草坪与地被的景观设计

园林草坪是指人工建植、管理的具有使用功能、生态功能和景观效果的草本植被空间。

（一）草坪的分类

（1）草坪按功能与用途分类，见表4-6。

表4-6 草坪按功能与用途分类

分类	概念与要求
观赏草坪	以观赏为主要目的，封闭管理，营造开敞、闭合空间（图4-57）
游憩草坪	供游人入内游憩和进行小型活动
运动场草坪	供足球、高尔夫球等运动场地或户外锻炼与比赛活动
防护型草坪	既有固土护坡、防尘等生态作用，又能美化环境，多用在堤坝、坡地、驳岸、道路两侧
交通安全草坪	开阔视野，避免视线盲区，降噪，减尘，多用于道路交叉口、停车场、机场等
牧草地	多用于大型风景区、森林公园，为草食性动物提供食物

（2）草坪按植物材料组成分类，见表4-7。

表4-7 草坪按植物材料组成分类

分类	概念与要求
纯一草坪	由一种草种构成的草坪，草坪颜色、高度、质地均匀，观赏性高，多用于观赏或对草坪有较高要求的运动场（图4-58）
混播草坪	由两种以上草种组成的草坪，草坪稳定性高，多用于运动场和防护型草坪
缀花草坪	以草坪为背景，点缀观花地被植物，多用于观赏和游憩
稀林草地	草地上零星散布一些树木，郁闭度0.2~0.3，多用于观赏和活动
疏林草地	草地上有株行距较大的树木，郁闭度0.4~0.5，多用于游憩
林下草地	密林下的草地，郁闭度0.7以上，多用于观赏和改善环境

（3）草坪按规划布置分类，见表4-8。

表4-8 草坪按规划布置分类

分类	概念与要求
自然式草坪	充分利用自然地形，或模拟自然地形起伏设计草坪景观
规则式草坪	多用于观赏型

图 4-57　观赏草坪

图 4-58　纯一草坪

（二）草坪和地被植物材料选择

草坪的建植要选择植株低矮、绿叶期长、生长迅速、容易繁殖、管理粗放、抗性强、景观效果好的品种。常用的冷季型草种有草地早熟禾、小羊胡子草、匍匐剪股颖、匍茎剪股颖等，常用的暖季型草种有结缕草、中华结缕草、细叶结缕草、野牛草、狗牙根等。随着时间的推移，草坪会显现出景色单调、耗水量多、管护费用大等不足之处。选用适应性强、观赏价值高的地被植物来替代草坪，成为一种明智而有效的选择。可以替代草坪的地被植物有白三叶、红三叶、麦冬草、酢浆草、佛甲草、马蹄金、卧茎景天等。

（三）草坪和地被植物的景观设计要点

草坪和地被植物景观设计要以适用性、美观性、经济性为基本原则，充分考虑当地的生长条件，适地适树，同时也要考虑使用要求和景观效果，合理选择植物品种，科学设定面积，规划空间，控制平面形状。草坪的边界应该尽量简单圆滑，尽量避免尖角，同时要注意与其他乔木、灌木、花卉等植物材料和景石、景墙、雕塑等园林小品的搭配。

五、水生植物的景观设计

能长期或暂时在水中生长的植物，统称为水生植物。

（一）水生植物的类型与特点

水生植物的叶面积通常较大，具有发达的通气组织，根据其适应程度可分为挺水植物、浮叶植物、沉水植物、漂浮植物、湿生植物，其类型与特点见表 4-9。

表 4-9　水生植物的类型与特点

水生植物类型	特点	植物材料
挺水植物	植物的根、根茎生长在水的底泥之中，茎、叶挺出水面，花多数在水面上开放，常分布于 0 ～ 1.5 m 的浅水处	荷花、菖蒲、水葱、香蒲、芦苇、水芹、茭白笋、千屈菜等
浮叶植物	生于浅水中，根长在水底土中的植物	睡莲、王莲、菱、萍蓬草、荇菜、田字萍等
沉水植物	植物体全部位于水层下面营固着生存的大型水生植物	菹草、苦草、金鱼藻、狐尾藻、黑藻等
漂浮植物	根不着生在底泥中，整个植物体漂浮在水面上，随水流、风浪四处漂泊，多数以观叶为主	凤眼莲、大漂、水鳖、满江红、槐叶萍等
湿生植物	生活在草甸、河湖岸边和沼泽的植物，可分为阳性湿生植物（喜强光、土壤潮湿）和阴性湿生植物（喜弱光、大气潮湿）。阴性湿生植物生长在阴湿的森林下层	阴性湿生植物：附生蕨类植物、附生兰科植物、海芋、秋海棠等。阳性湿生植物：水稻、灯心草、半边莲、毛茛等

（二）水生植物材料的选择

不同的水生植物对水深的要求不同，水生植物材料的选择（表4-10），首先要遵循植物生长的必要条件，同时要兼顾景观造景需求和植物间的搭配。沿驳岸向水体中央有序种植不同生活型的水生植物，同时根据水生植物的植株高度合理搭配，达到高低错落、疏密有致的层次效果，形成协调、稳定的水生植物群落景观。

表4-10　不同水深种植区植物材料选择

种植区	植物材料
浅水种植区	从岸边到水深60 cm的浅水区域，多选择湿生植物和挺水植物。常用的水生植物有蒲苇、千屈菜、美人蕉、再力花、梭鱼草、芦竹等
中水种植区	水深60～100 cm的区域，多选择浮叶植物和挺水植物。常用的水生植物有睡莲、萍蓬草、荷花、芡实等
深水种植区	水深大于100 cm的区域，多选择浮叶植物和沉水植物。常用的水生植物有金鱼藻、狐尾藻、马来眼子菜等

（三）水生植物的设计方法

1. 自然水体水面

自然水体一般面积较大，并与天然河流相连。面积较大的水体植物配置颜色不宜过于鲜艳杂乱，品种不宜过多，以利于保持大水面的整体性，水生植物只作为驳岸边、桥或水榭附近的点缀，应以增加水体静态美感，渲染宁静、幽深、含蓄的意境为原则，如图4-59所示。中等水体植物配置应运用植物来创造、分割空间，增加水面层次，达到深远、幽静之感，如图4-60所示。小型水体常少量点缀萍蓬草、睡莲等浮水植物和水葱等叶片细且挺的挺水植物，配合水体边缘的驳岸和植物配置设计，营造出别致静谧的小环境空间，如图4-61所示。溪、峡、涧两旁，一般要模拟天然景观，构建溪中有砥石、驳岸水草丰茂、色彩斑斓，岸上绿树成荫的景观空间，如图4-62所示。

图4-59　北京北海公园开阔水面水景设计

图4-60　北京颐和园的谐趣园

图4-61　自然式小型水体水生植物配置

图4-62　溪流水生植物配置

2. 人工水体水面

　　人工水体一般体量有限，且出于经济性、安全性、艺术性等方面的考虑，水较浅，边缘线条简洁，轮廓分明，外形多为几何形。大型或中型整形水池多采用深色建筑材料，水体周边可少种植物，以利于打造倒影效果，如图 4-63 所示。小型水池可满植或点缀种植水生植物，也可用盆栽摆放在池底以利于控制水生植物的位置和高度，最好只使用一种植物。小型院落可于水钵之中点缀萍蓬草、睡莲、碗莲等水生植物，置于屋檐下，小中见大，妙趣横生，如图 4-64 所示。

图 4-63　整形水池植物配置

图 4-64　水钵

 **提升训练**

➤ 训练任务及要求

　　（1）训练任务。图 4-65 所示为某商场入口绿地规划现状图，该商场地处繁华商业街区，客流量较大，要求设计人员结合商场现状完成下图中绿色区域的花境设计。设计时植物选择要考虑植株的高低层次、色彩搭配和季相变化，给人提供高雅、轻松的购物环境。

　　（2）任务要求。

①植物材料选择合理，搭配美观。设计整体线条流畅，立面布置合理。

②每人提供 PS 设计总平面图一张，附植物统计表。

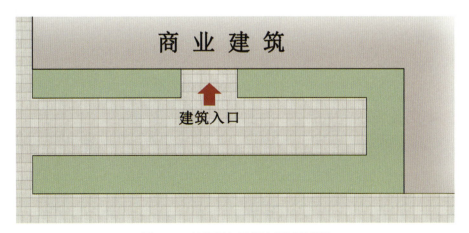

图 4-65　某商场入口绿地规划现状图

考核评价

考核评价表

评价类别	评价内容		学生自评（20%）	组内互评（40%）	教师评价（40%）
过程考核（50分）	专业能力（40分）	植物选择能力（10分）			
		植物搭配能力（10分）			
		图纸表现能力（20分）			
	职业素养（10分）	工作态度（5分）			
		团队协作（5分）			
成果考核（50分）	方案创新性（10分）				
	方案完整性（10分）				
	方案规范性（10分）				
	汇报展示（20分）	汇报思路清晰，逻辑结构合理（5分）			
		语言表达流畅、简洁，行为举止大方（10分）			
		PPT制作精美、高雅（5分）			
总评				总分	
	班级		第　组	姓名	

任务五 园林植物景观的空间营造

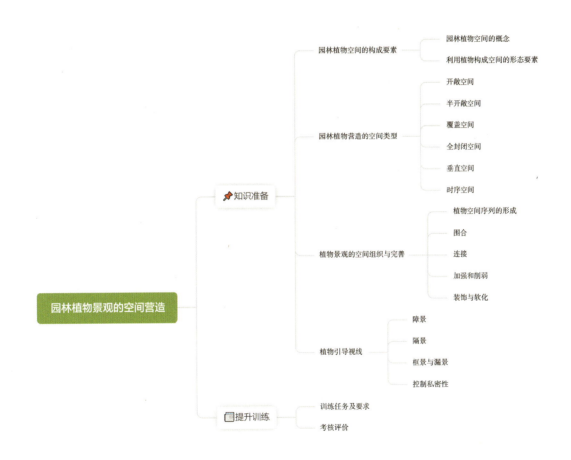

➤ **技能目标**

（1）能运用园林植物景观的空间营造相关理论分析绿地中园林植物创建不同空间的合理性；

（2）能根据园林植物的引导视线手法，进行具体项目的植物景观设计。

➤ **素质目标**

（1）通过运用园林植物对不同园林植物空间的营造，增强学生的文化自信，培养学生建设美丽中国的决心和信念；

（2）通过提升训练，培养学生自主探究学习的能力。

知识准备

园林空间是人们赏景和活动的区域，景物既可作为空间界面的形式出现，也可以是位于空间的其他地方；同时，由于现代园林中提倡以植物造景为主体，因此很多由建筑围合空间的任务就落在了植物"身上"。由此可见，在植物造景中，植物空间的营造、空间序列的组织也就显得至关重要。

一、园林植物空间的构成要素

（一）园林植物空间的概念

园林植物空间指的是植物在景观中充当限制和组织空间的因素，如建筑物的地面、墙面、天花板等单独或共同组合成具有实在的或暗示性的空间围合，这些因素影响和改变人们的视线方向。一组好的园林空间景观，应结合时空的渐进，赋予植物群体诗一般的韵律感，给游客以无限美的享受。

（二）利用植物构成空间的形态要素

植物可以作为构成空间的独立要素，用于空间中的任何一个平面，即地平面、垂直面和顶平面。

1. 基面要素——地平面

园林植物构建的地平面是指用不同高度和不同种类的地被植物或矮灌木来暗示空间的边界。在此情形中，植物虽不是以垂直面上的实体来形成空间，但它确实在较低的水平面上筑起了一道分界线，从而让人觉得空间边界的存在。经常使用的基面要素有草地、矮篱、花坛、地被植物等，例如，在草坪上布置地被植物，两者之间的交界处虽不具有实体的视线障碍，但其领域性是显现的，它暗示着空间范围的不同（图5-1）。

草坪和地被植物的边缘形成界线

图5-1 草坪和地被暗示虚空间的边缘

2. 垂直要素——墙面

垂直要素是园林植物空间形成中最重要的要素，形成了明确的空间范围，造成了强烈的空间围合感，在植物空间形成中的作用要强于水平要素。常用作垂直要素的有绿墙、树丛、绿格栅等。树干如同直立于外部空间的支柱，多以暗示的方式而不仅是以实体限制着空间（图5-2）。其空间的封闭程度随着树干的大小、疏密及种植形式的不同而不同。树干暗示空间的例子比比皆是，如在种满行道树的道路、配植绿篱的路旁及林地等。

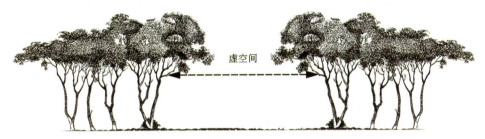

虚空间

图5-2　树干构成虚空间的边缘

3. 顶面要素——天花板

植物同样能限制、改变一个空间的顶平面。植物的枝叶犹如室外空间的天花板，限制延向天空的视线，并影响着垂直面上的尺度（图5-3）。当然，此空间也存在着许多可变因素，如季节、枝叶密度及树木本身的种植形式等。当植物树冠相互覆盖、遮蔽阳光越多时，其顶平面的封闭感就越显强烈。

图5-3　树冠形成空间顶平面

二、园林植物营造的空间类型

在运用植物构成室外空间时，就像利用其他设计要素一样，设计者应首先明确设计目的和空间开放、封闭、覆盖等不同的性质，然后才能相应地选取和组织设计所需的植物。利用植物可构成的基本空间类型有开敞空间、半开敞空间、覆盖空间、全封闭空间、垂直空间、时序空间等。

微课：园林植物
营造的空间类型

（一）开敞空间

园林植物形成的开敞空间指的是在一定区域范围内，仅用低矮的灌木、地被植物、草坪作为空间的限定因素而形成的空间（图5-4）。在较大面积开阔的草坪上，除低矮植物外，有几株高大的乔木点植其中，并不阻碍人们的视线，也称得上开敞空间。这种空间四周开放，将人完全暴露在天空和阳光之下，无封闭感，限定空间要素对人的视线无任何遮挡作用，人在空间中获得轻松、自由感。

图5-4　低矮植物形成开阔空间

（二）半开敞空间

半开敞空间指的是在一定的区域范围内，四周不全开敞，而是有部分视角用植物阻挡了人的视线（图5-5）。根据功能和设计需要，开敞的区域有大有小。从一个开敞空间到封闭空间的过渡就是半开敞空间。半开敞空间的营造也可以借助地形、山石、小品等园林要素与植物配置共同完成。半开敞空间的封闭面能够抑制人们的视线，从而引导空间的方向，达到"障景"的效果，给人若即若离的神秘感。

图5-5　植物形成的半开敞空间

（三）覆盖空间

覆盖空间是指利用具有浓密树冠的遮阴树，构成顶部覆盖而四周开敞的空间（图5-6）。这类空间只有一个水平要素限定，是夹在树冠和地面之间的开阔空间，人的视线和行动不被限定，但有一定的覆盖感、隐蔽感，从建筑学角度看，犹如我们站在四周开敞的建筑物底层中。在绿地中，这种空间犹如去掉四周封闭围合垂直植物的遮阴绿地。由于光线只能从树冠的枝叶空隙及侧面渗入，因此该空间在夏季显得阴暗，是人们夏季纳凉的好去处，视线开阔，不显压抑；冬季落叶后显得较为开敞明亮，给人温馨、开阔的空间感。

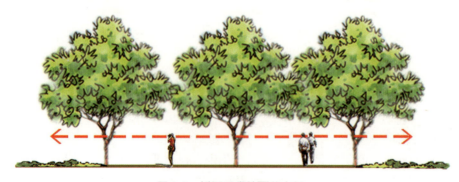

图5-6　树冠形成的覆盖空间

（四）全封闭空间

全封闭空间是指人处于的区域范围内，四周用植物材料封闭。这时人的视距缩短，视线受到制约，近景的感染力加强，景物历历在目，从而产生亲切感和宁静感（图5-7）。小庭院的植物配置宜采用这种较封闭的空间造景手法。而在一般的绿地中，这样小尺度的空间私密性较强，适宜年轻人私语或人们独处和安静休憩，给人亲切、宁静的空间感。

图 5-7　植物形成的全封闭空间

（五）垂直空间

用植物封闭垂直面，开敞顶平面，就形成了垂直空间。分枝点较低、树冠紧凑的中小乔木形成的树列、修剪整齐的高树篱等都可以构成垂直空间（图5-8）。由于垂直空间两侧几乎完全敞开，极易产生"夹景"效果，从而突出轴线顶端的景观。狭长的垂直空间可以引导游人的行走路线，对空间端部的景物也起到了障丑显美、加深空间感的作用。纪念性园林中，园路两边常会栽植柏类植物，人从垂直的空间中走向目的地，瞻仰纪念碑，就会产生庄严、肃穆的崇敬感。

图 5-8　垂直面封闭、顶部开敞的垂直空间

（六）时序空间

时序空间包括随季相变化的空间和植物年际动态变化的空间。一切物质存在的基本形式就是空间和时间，而时间通常被称为四维空间。因此，在植物的空间分类中，不可能离开时间这个概念，也就是说，它不可能离开年复一年的年际变化，也不可能离开春夏秋冬的季相变化。植物随着时间的推移和季节的变化，自身经历了生长、发育、成熟的生命周期，表现出了发芽、展叶、开花、结果、落叶

及由小到大的生理变化过程，形成了叶容、花貌、色彩、芳香、枝干、姿态等一系列色彩上和形象上的变化，并构成了"春花含笑""夏绿浓荫""秋叶硕果""冬枝傲雪"的四季景象变化。

植物时序景观的变化极大地丰富了园林景观的空间构成，也为人们提供了各种各样可选择的空间类型。北方一年四季季节变化明显，植物的季相变化也突出，尤其是北方的春天来得迟，春季非常短暂，百花争艳，形成爆发式的花季，冬季里用常绿树来点缀冰冷的室外空间，但在设计时要适当考虑常绿树应用比例，否则季相不明显，对比也不够强烈（图5-9）。落叶树在春季、夏季可营造一个覆盖的绿荫空间，秋冬季来临，就变成了一个半开敞空间，更开敞的空间满足了人们在树下活动、晒太阳的需要。每种植物或植物的组合都有与之对应的季相特征，在一个季节或几个季节里它总是特别突出，为人们带来了最美的空间感受（图5-10）。而在我国南方，如广东、广西、福建和海南一带，就难以感受到四季的变化，植物的季相变化不是十分明显。

由此可见，风景师仅借助植物材料作为空间限制的因素，就能创造出许多不同类型的空间。

图5-9　常绿树、落叶树搭配与常绿树配置形成季相空间对比

图5-10　植物季相变化对空间闭合程度的影响

三、植物景观的空间组织与完善

植物除可以创造出各种不同特色的空间外，还可以装饰零碎的空间、丰富建筑物立面、软化生硬的建筑轮廓等，也能用植物构成相互联系的空间序列，如街角、路侧不规则的小块绿地，都很适合用植物材料来填充。植物材料种类繁多，大小不一，能满足各种尺度空间的需要。如图5-11所示，可利用植物来完善由建筑或其他设计因素所构成的空间范围和布局。植物将各建筑物所围合的大空间再分割成许多小空间、次空间。城市里如果缺乏植物，整体环境会显得冷酷、空旷，没有人情味。乡村风景中的植物，同样有类似的功能。

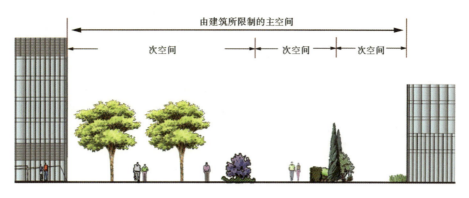

图 5-11 植物对建筑限制空间进行分割

（一）植物空间序列的形成

植物材料作为空间限制的因素，也能建造出相互联系的空间序列。如图 5-12 所示，植物就像建筑中的门、墙、通道，引导游人进出和穿越一个个空间。在发挥这一作用的同时，植物一方面改变空间的顶平面的遮盖，另一方面有选择性地引导和阻止空间序列的视线，能有效地"缩小"和"扩大"空间，形成欲扬先抑的空间序列。空间的节奏在设计时，利用植物来调节控制，如曲径通幽、柳暗花明等。

（二）围合

围合的意思就是完善由建筑物或围墙所构成的空间范围。当一个空间的两面或三面是建筑和墙时，剩下的开敞面则用植物来完成或完善整个空间的围合效果（图 5-13）。

图 5-12 植物以建筑方式构成和连接空间序列

图 5-13 植物的围合作用

（三）连接

连接是指在景观中，采用植物运用线型的种植方式，将其他孤立的因素从视觉上连接成一个完整的室外空间。像围合那样，这种连接是运用植物材料将其他孤立因素所构成的空间给予更多的围合面。图 5-14 是一个庭院图示，该庭院最初由建筑所围成，然后运用大量的乔灌木将各孤立的建筑有机结合起来，成为完整的连续空间。

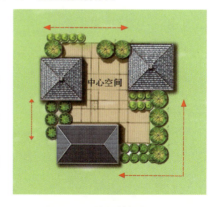

图 5-14 植物的连接作用

基础篇

实战篇

（四）加强和削弱

在具体进行植物景观设计时，植物通常是与其他要素相互配合共同构成空间轮廓的。例如，植物可以与地形相结合，强调或消除地平面上地形的变化所形成的空间（图 5-15）。如果将植物植于凸地势或山脊上，便能明显地增加地形凸起部分的高度，随之增强了相邻的凹地或谷地的空间封闭感。与之相反，植物若被植于凹地或谷地内的底部或周围斜坡上，将减弱和消除最初由地形所形成的空间。因此，为了增强由地形构成的空间效果，最有效的办法就是将植物种植于地形顶端、山脊和高地；与此同时，为了让低洼地区更加通透，最好不要种植物。同样，在空间建设过程中，植物常常可以通过其配置形式来加强曲线、直线形状的感觉，使其更为明显突出（图 5-16）。

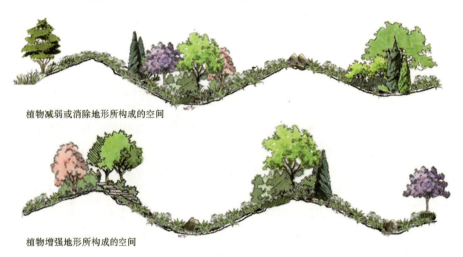

植物减弱或消除地形所构成的空间

植物增强地形所构成的空间

图 5-15　植物可以增强或减弱地形所形成的空间

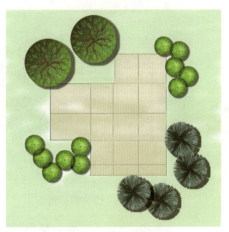
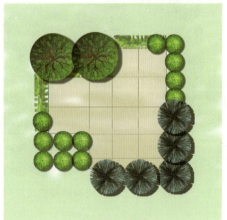

植物没有很好地结合铺地形式　　　　　　植物突出强调了铺地形式

图 5-16　植物与铺装结合加强其形状感

（五）装饰与软化

沿园界墙面种植乔木、灌木或攀缘植物，以植物来装饰没有生机的背景，使其自然生动，高低疏密的植物形成变换的空间。

微课：园林植物引
导视线

基础篇

四、植物引导视线

利用植物材料创造一定的视线条件可增强空间感，提高视觉和空间序列的质量。安排视线有引导和遮挡两种情况。视线的引导与阻止实际上又可看作景物的藏与露。根据视线被挡的程度和方式可分为障景、隔景、漏景、框景等。

（一）障景

障景就是利用植物控制人们的视线，挡住不佳或不希望被人看到的景物。障景的效果依景观的要求而定，若使用不通透植物，能完全屏障视线通过，而使用不同程度的通透植物，则能达到漏景的效果。为了取得一个有效的植物障景，设计师必须首先分析观赏者所在位置、被障物的高度、观赏者与被障物的距离及地形等因素。所有这些因素都会影响所需植物屏障的高度、分布及配置。

就障景来说，较高的植物虽在某些景观中有效，但并非绝对。因此，研究植物屏障各种变化的最佳方案，就是沿预定视线画出区域图（图5-17），然后将水平视线长度和被障碍高度准确地标在区域内，最后通过切割视线，就能定出屏障植物的高度和恰当的位置了。在图5-17中，A为最佳位置，如果视线内需要更多的障景，B和C点也是可以考虑的。除此之外，另一需要考虑的因素是季节，若需要考虑各个季节的变化，常绿植物能起到这种永久性的屏障作用（图5-18）。

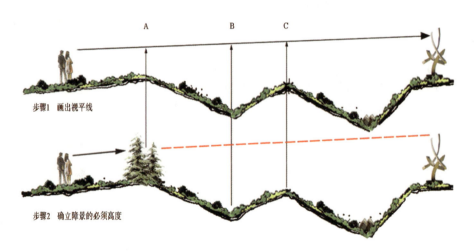

图5-17　利用植物进行障景的制作

图5-18　常绿植物在冬季的屏障作用良好

（二）隔景

隔景用以分隔园林空间或景区的景物。植物材料可以形成实隔、虚隔。密林实隔使游人视线基本

实战篇

不能从一个空间透入另一个空间，而疏林形成的虚隔则相反。

（三）框景与漏景

使用树干或两组树群形成框景景观，这种框景的手段能有效地将人们的视线吸引到优美的景色上来，景色全观，获得较佳的构图。漏景则是利用稀疏的枝叶、枝干等，虽有遮蔽但不严，可出现景观的渗透，达到景观若隐若现的效果，丰富景观层次（图5-19）。

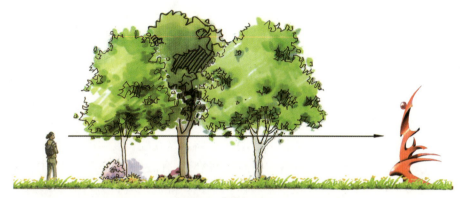

图5-19　作为雕塑前景的树干可以形成漏景

（四）控制私密性

控制私密性与障景功能大致相似。控制性私密就是利用阻挡人们视线高度的植物，对明确的所限区域进行围合。控制私密性的目的，就是将空间与其环境完全隔离开。控制私密性与障景两者间的区别在于：前者围合并分割成一个独立的空间，从而封闭了所有出入空间的视线；障景则需要慎重种植植物，有选择地屏障视线。私密空间杜绝任何在封闭空间内的自由穿行，而障景则允许在植物屏障内自由穿行。在进行私密场所或居民住宅的设计时，往往要考虑控制私密性。

由于植物具有屏蔽视线的作用，因而控制私密性的程度，将直接受植物的影响。如果植物高于2 m，则空间的私密感最强；齐胸高的植物能提供部分私密性（当人坐于地上时，则具有完全的私密感）；而齐腰的植物是不能提供私密性的，即使有也是微乎其微的（图5-20）。

图5-20　矮篱不能提供私密性空间

提升训练

➤ 训练任务及要求

（1）训练任务。选取当地植物素材，按照园林植物营造不同的空间类型，分别设计相应的平面图、立面图，每人设计不能少于两项。

（2）任务要求。

①以组为单位完成工作任务，分工要明确、合理。

②如需现场调研要以小组为单位，注意安全，行为要文明。

③图纸表现手法不限，注意图面干净、整洁。

④组员轮流汇总、整理图纸表并制作 PPT，每组上交一份作业。

考核评价

考核评价表

评价类别	评价内容		学生自评（20%）	组内互评（40%）	教师评价（40%）
过程考核（50分）	专业能力（40分）	植物选择能力（10分）			
		植物搭配能力（20分）			
		图纸表现能力（10分）			
	职业素养（10分）	工作态度（5分）			
		团队协作（5分）			
成果考核（50分）	方案合理性（10分）				
	方案创新性（20分）				
	成果汇报（20分）	汇报思路清晰，逻辑结构合理（5分）			
		语言描述精准、简洁，行为举止大方（10分）			
		PPT制作精美、高雅（5分）			
总评				总分	
	班级		第　组	姓名	

任务六　园林植物与其他景观要素的组景设计

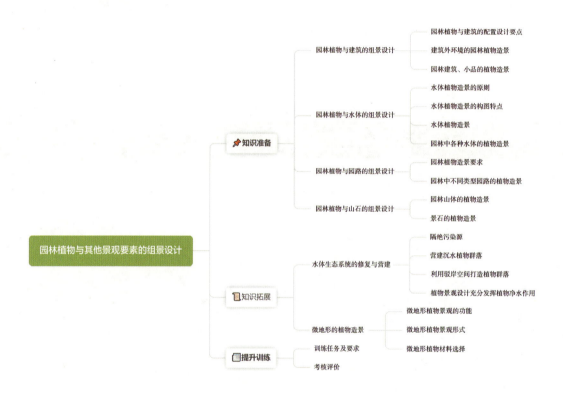

学习目标

▷ 知识目标

（1）了解园林植物与建筑、水体、园路、山石的常用造景形式；

（2）掌握园林植物与建筑的组景设计要点；

（3）掌握水体植物造景原则和构图特点；

（4）掌握园路植物造景设计要点、植物与山石搭配要点。

▷ 技能目标

（1）能运用园林植物与其他景观要素的配置相关理论分析园林中建筑、水体、园林山石与植物组景的适宜性；

（2）能根据建筑、水体、园路和山石的植物造景要点进行具体项目的植物造景设计。

> **素质目标**

（1）全面系统地了解园林植物与其他景观要素的配置方法，提升园林基本知识方面的素养；

（2）充分认识中国古典园林植物造景手法，培养热爱祖国园林文化的情感，增强文化自信。

知识准备

园林空间是由建筑、水体、园路、山石和植物等造景要素共同构成的。园林植物是园林规划设计和建设的主要材料，在园林空间营造中具有非常重要的作用。巧妙地运用不同高度、不同种类的植物，通过控制种植形式、空间布局、规格及其在空间范围内的比重等，形成不同类型的空间，既经济又富有变化，往往能形成特殊的景观。

一、园林植物与建筑的组景设计

（一）园林植物与建筑的组景设计要点

1. 园林植物景观要柔化、美化建筑空间

建筑作为人工美的硬质景观，往往线条硬直，而植物线条柔和多变，色彩丰富，姿态风韵优美，具有随着时序变化的自然美。园林植物与建筑的结合是自然美与人工美的结合，处理得当，两者关系可和谐一致。植物造景设计，能使建筑突出的体量与生硬的轮廓柔化在绿树环绕的自然环境之中，使建筑物旁的景色取得一种动态均衡的效果，同时为建筑增添美感，使之产生一种生动活泼而具有季节变化的感染力，给人带来艺术的享受，使建筑与周围环境更为协调。例如，清华大学教学楼墙面上的地锦，绿色的攀缘植物与红砖墙面形成鲜明的色彩对比，既美化了硬质墙面，又增添了校园中的活泼气氛（图6-1）。周庄青年旅社门口种植凌霄花美化建筑屋顶，开花时繁花似锦，无花时增添自然野趣，同时利用盆栽矮牵牛美化窗口，为古镇老旧墙面增添色彩变化（图6-2）。

微课：园林植物与建筑的组景设计

图6-1　清华大学教学楼外墙面

图6-2　周庄青年旅社门口

2. 园林植物景观要符合建筑的风格

园林建筑随着地域及园林功能的不同而风格各异，因此园林植物景观应符合建筑的风格，不同类型建筑要求选择不同的植物品种与配置方式，不同建筑部位也要考虑不同的植物景观，使之协调统一。

北方皇家园林的宫殿建筑一般都体量庞大、色彩浓重、布局严整，植物配置上多选用华北地区的乡土植物，如侧柏、桧柏、油松、白皮松等常绿树种，这些植物耐旱耐寒、生长健壮、树姿雄伟，植物配置方式也多为规则式种植，与皇家的建筑风格相协调（图6-3）。江南私家园林由于园林面积不

基础篇

实战篇

大，建筑体量小，植物配置要体现诗情画意的意境，注重细节，窗前墙角皆是景，植物景观多选用观赏价值高的乔灌木进行配置，如"四君子"梅、兰、竹、菊，还有寓意"玉堂春富贵"的桂花、海棠、玉兰、迎春、牡丹等。岭南园林建筑轻巧、淡雅，建筑旁多种植竹类、棕榈类、榕树、芭蕉、苏铁等乡土植物，组成一派南国风光（图6-4）。现代建筑造型灵活多样，植物可根据环境条件、建筑功能和景观需求进行选择，如建筑前的人流集散空间可种植大乔木进行遮阴，儿童活动停留的空间要选择无毒无害无刺的植物进行配置。

图6-3 北京景山远眺

图6-4 厦门植物园

3. 园林植物景观要提升建筑的内涵

园林植物与建筑的配置设计若充分发挥植物的文化内涵，可使园林建筑环境具有生命力，对建筑起到点景作用，提升建筑的内涵。同时，不同区域选择不同品种的植物进行配置，可形成区域景观特征，增加园林的丰富性。例如，西湖十景之一的"柳浪闻莺"，在闻莺馆周边种植大量的柳树，以柳树群来体现"柳浪"，以碑亭题字"柳浪闻莺"来点出主题，使建筑与植物相得益彰。

（二）建筑外环境的园林植物造景

1. 建筑出入口的植物造景

（1）植物景观满足交通功能。设计建筑出入口处植物景观要首先考虑交通功能，满足人流和车流的正常通行，植物不能阻挡车行视线，以保证出入口的交通安全。

（2）植物景观体现建筑特色。根据不同风格、体量的建筑配置不同的植物景观，使之与建筑协调，体现建筑风格特色。建筑出入口植物造景多选用株形优美、色彩鲜明、具有芬芳气息的植物品种，并与台阶、花台、花架等相结合进行绿化配置，以达到强化标志性的作用。如济南盆景奇石园的入口两侧摆放置石，搭配对植的剪型植物与丛植芭蕉，与建筑白墙绿瓦的风格相呼应，起到了强调入口的作用（图6-5）。在大型公共建筑入口前最好还能营造出层次鲜明的造型，采用大型植物及分层次的地被带；而在私人住宅入口则应营造出亲切宜人的小尺度空间。同时可以充分利用门的造型，以门为框，结合植物景观，增加景深，联系室内外空间，形成园林空间的渗透与流动（图6-6）。

图6-5 济南盆景奇石园入口处景观

图6-6 以门框框景

2. 建筑窗前的植物造景

（1）满足室内采光、通风要求。窗前植物造景要综合考虑室内采光、通风、噪声、视线干扰等因素，近窗处不宜种植大树，多种植低矮花灌木或设置花坛。离窗 5 m 之外，可以选择株型优美、季相变化丰富、具有芳香气味或能诱鸟的大树进行栽植。

（2）营造框景。窗是园林建筑中的重要装饰小品，可将窗外的景色纳入其中，在组景中可以起到框景的作用。窗外植物作为框景的重要内容，植物配置合理尤其重要。在窗边进行植物造景时要考虑窗框的尺寸与植物体量的相对关系，窗框尺寸固定而植物却会随着时间不断长大，会改变原来的画面效果。因此，要选择生长缓慢、变化不大的植物，如芭蕉、南天竹、苏铁等种类，近旁可再配些剑石、湖石，增添其稳定感，这样有动有静，构成相对稳定持久的画面（图6-7）。例如，苏州博物馆展厅休息座椅前有一面大方窗，窗外种植一片竹子，配以白墙，清风徐徐，竹叶摇动，宛如一幅风景画，营造出静谧的气氛（图6-8）。

基础篇

图6-7　苏州博物馆展厅木窗

图6-8　苏州博物馆展厅方窗

3. 建筑墙面的植物造景

（1）垂直绿化。建筑墙面的垂直绿化要综合考虑墙面的类型和朝向。不同朝向的墙面，光照和干湿条件不同，植物选择也不同，如紫藤、藤本月季适宜用在南向和东南向墙体上（图6-9），而地锦、五叶地锦等耐阴性强的植物则适合背阴处的墙体绿化。同时，墙面绿化还要考虑植物色彩与建筑墙面及外环境的协调，像地锦、五叶地锦等攀缘植物季节变化明显，搭配不同的攀缘植物可以创造出不同的季相景观效果。

（2）组合种植。园林中以墙面为"画纸"，在墙前栽植观花、观果的灌木及少量的木本植物来美化墙面，同时辅以宿根、球根花卉作为基础栽植（图6-10）。墙前的基础种植应考虑建筑的采光问题，距离不能太近，也不能太多地遮挡建筑的立面，同时应考虑建筑基础不能影响植物的正常生长。在墙基 3 m 以内不种植深根性乔木或灌木，在这个范围以内应种植根较浅的草本或灌木。植物设计时要注意墙面色彩与植物色彩的搭配，如在深色系的墙面前种植浅色系花朵的开花植物，如木绣球、大花水桠木等，使白色的花朵跳跃出来，起到扩大空间的视觉效果。一些山墙、城墙则可运用地锦、何首乌等植物覆盖遮挡，突出自然之趣。在一些窗格墙或虎皮墙前，宜选用草坪和低矮的花灌木及宿根、球根花卉，避免高大的花灌木遮挡墙面。

实战篇

图6-9　苏州平江路店铺外墙面的藤本月季

图6-10　南京老门东街区墙面植物造景

4. 建筑角隅的植物造景

建筑的角隅空间较为闭塞，线条比较生硬，植物造景可有效地美化空间。一般宜选择观果、观花、观干的植物成丛种植，可配置成花坛、花池、花境、竹石小景、树石小景等（图6-11），为建筑景观锦上添花。建筑角隅的植物景观设计由墙角向外侧逐步展开，选择浅根性的大型植株种植在墙角，搭配花灌木或观赏草组成组团，也可搭配置石共同组成植物景观，吸引游人视线，从而忽略空间闭塞的墙角。建筑角隅由于采光、通风条件差，土质条件不良，植物选择上多选用耐阴、抗性强的品种。

（三）园林建筑、小品的植物造景

1. 景亭的植物造景

（1）考虑景亭的形式、主题与位置。亭是园林中最为重要、最富于游览性的建筑，也是应用最广、形式最多样的建筑。景亭旁的植物造景应充分考虑亭的形式、主题、位置，创出与亭搭配和谐的植物景观。从亭的形式上考量，应选择和亭的造型相协调的植物，例如，攒尖顶的亭子造型上挺拔、俊秀，搭配圆锥形、圆柱形这类竖线条植物，如枫香、圆柏、侧柏等；从亭的主题上考虑，应搭配能充分表现其主题内涵的植物，如苏州拙政园的雪香云蔚亭，亭旁种植白梅，初春花开，花瓣如雪，暗香浮动，又恰好点题"雪香"（图6-12）；从亭的位置考虑，应结合其功能选择合适的植物，如路亭周围可种植多种乔灌木，依山形成幽静的休憩环境，但在可眺望远景的方向，要种植低矮植物，以留出观赏空间。

图6-11　瞻园建筑角隅的竹石小景

图6-12　拙政园雪香云蔚亭

（2）亭旁的植物造景方法。常用的植物造景方法有两种：一是在亭的周围种植大乔木，林木茂盛，亭在林中若隐若现，有深幽之感。例如：苏州沧浪亭，亭立山岭，亭周边遍植大乔木，青翠欲滴（图6-13）；现代公园里亭周围常种植白玉兰、夹竹桃等植物。二是在亭旁配置少量大乔木，再辅以低矮的花灌木和草本花卉，在亭中既可庇荫休息又可赏花，如拙政园绣绮亭，又称为"春亭"，亭旁种植几株高大乔木，亭前种植牡丹和芍药，春日花开，雍容绚烂，是赏春景的绝佳之处。

2. 花架的植物造景

花架是园林中常用的园林小品，植物造景主要是运用攀缘植物攀爬在花架上，以植物美化花架，同时形成庇荫场所（图6-14）。植物造景要考虑花架的材质、体量和颜色搭配合适的植物品种，并配合植株的大小、高低、轻重与枝干的疏密来选择格栅的宽度窄细，确保花架的体量能满足植物的生长需要，枝叶花朵铺满花架，植物与花架及周围环境在色彩、风格上相协调，最大程度展现花架的观赏效果和实用价值。进行植物造景时，要结合花架立地的光照条件、土壤酸碱度及花架在园林中的功能作用等因素来综合考虑。北方常用藤本植物，有金银花、凌霄、紫藤、南蛇藤、葡萄、地锦等，南方常用叶子花、木香、扶芳藤、鸡血藤等。高大坚固的花架，可种植木质的紫藤、凌霄、南蛇藤等。处于阴凉处的花架，由于光照不足，宜选耐阴喜湿的藤本植物。另外，还可根据植物不同的生长特点，将不同品种的藤本植物混植，可使花期顺延，延长观赏时间，起到美化环境的作用。

图 6-13　苏州沧浪亭

图 6-14　花架旁种植紫藤

3. 园墙的植物造景

园墙在园林中具有分隔空间、丰富景观层次、引导游览路线的功能。园墙的植物造景主要是用攀缘植物或其他植物装饰墙面的一种立体绿化形式。墙面上的攀缘植物既可遮挡墙面的生硬单调，又可以植物的叶、花、果美化墙面。如济南趵突泉公园内的花墙子泉，凌霄花覆盖在墙面上形成一面花墙，生动美观（图6-15）。还可以园墙为纸，在墙前植物造景，使树木的光彩上墙，展示植物的姿态和色彩（图6-16）。江南古典园林中的白墙就起到了画纸的作用，墙前配置姿态优美、色彩艳丽的观赏植物，如红枫、山茶、木香、芭蕉、杜鹃、竹子、南天竹等。还可将几种攀缘植物和花灌木相配，使其在形态和色彩上互相弥补、衬托，丰富墙面景观效果。植物造景时还应充分考虑植物的生长特性，根据园墙的位置、光照和土壤条件选择合适的植物搭配。

图 6-15　花墙子泉

图 6-16　沧浪亭园墙前修竹的光影效果

4. 座椅、坐凳的植物造景

园林中座椅、坐凳的主要功能是供游人休息，因此，植物造景要创造舒适、恬静的周边环境。座椅边的植物配置应该要做到夏可庇荫、冬不蔽日。座椅旁边种植落叶大乔木可以有效遮阴，给游人提供阴凉的休闲环境，同时，植物高大的树冠不仅不遮挡视线，还可使透视远景更加明快清晰，使游人感到空间更加开阔（图6-17）。在开阔场地可孤植伞形大乔木，也可丛植乔木，但丛植株数不宜过多；座椅周围还可种植灌木篱，形成不同形式的围合、半围合空间，创造安静氛围；座椅还可与花坛、花池相结合，形成一体，延伸空间（图6-18）。

图6-17　坐凳旁配置遮阴树

图6-18　花池与坐凳相结合

5. 雕塑的植物造景

雕塑周围的植物景观主要起到突出雕塑主体、烘托主题气氛的作用，因此，植物景观要与雕塑在色彩、形体上形成强烈对比，以突出雕塑主体。雕塑的背景植物营造尤其重要，常用深色的植物作为浅色雕塑的背景，浅色植物或蓝天作为青铜色等深色雕塑的背景。另外，不同主题的雕塑还应采用不同的种植方式和树种，如在纪念性雕塑周围宜采用整齐的绿篱、花坛及行列式种植，并采用体形整齐的常绿树种或具有纪念意义的树种。如上海市外滩的陈毅雕像，青铜色的巨大雕像背后丛植了几株香樟树，树冠如扇形，给人以庄严、肃穆之感（图6-19）。选择香樟树这一上海的乡土树种，也是对陈毅出任上海市第一任市长这段历史的纪念。主体形象比较活泼的雕塑小品，宜用比较自然的种植方式造景。树种选择范围较宽，也可选树形、姿态、叶形、色彩等方面有观赏效果的品种，如杭州西溪湿地的西溪人家雕塑，旁边配以红枫、杜鹃、南天竹组成的植物组团，突出了乡村恬淡、趣味的生活氛围（图6-20）。

图6-19　上海外滩陈毅雕像

图6-20　西溪人家雕塑

二、园林植物与水体的组景设计

（一）水体植物造景的原则

1. 因地制宜，合理搭配

满足植物的生态需求，根据园林水体的类型和生态环境因地制宜地选择植物品种，构建自然、美丽、和谐的植物景观群落；同时，综合考虑到植物的生态效益、景观效益与经济效益，为动植物营造生长、栖息空间。

2. 疏密得当，打造多层次景观空间

水体植物造景要注意植物数量适当，有疏有密；同时，注重融合水体周边环境，打造从水岸至水面错落有致、疏密得当的植物群落景观。

3. 遵循艺术性原则，创造多变景观

水体植物造景同样要遵循艺术性原则，如变化与统一、协调与对比、对称与均衡、节奏与韵律等设计规律。同时，可以运用特殊构图手法，利用水景本身具有的特殊景观效果，创造出虚实结合、变化无穷的园林景观。

（二）水体植物造景的构图特点

1. 色彩构图

利用水体的颜色作为园林构图的底色，同时也可以调和园林景物，使蓝天、亭台楼榭和植物的颜色相互协调（图 6-21）。植物造景也应充分考虑水体颜色和周边园林景物的色彩。

2. 线条构图

水面与各种不同姿态、线条的植物一起造景，可以形成不同的景观。中国传统园林中水边植柳，创造柔条拂水的画面，即是利用树木枝条在水面形成优美线条（图 6-22）。

图 6-21 上海后滩公园   图 6-22 杭州西湖边栽植的柳树

3. 倒影运用

倒影是水景中最为独特的，可以产生对应成双、虚实相生的艺术效果。因此，在植物造景中切忌将水面种满植物，或沿水面种植一圈，应至少留出 2/3 的水面来欣赏倒影之美，同时要充分考虑岸边的园林景物，将最美的画面倒影于水中，加深水景的意境（图 6-23）。

4. 透景与借景

水边植物是从水中欣赏岸上和从岸上欣赏水景的中介，所以植物造景不能封闭水体，要留出透景

线供两边彼此欣赏（图6-24）。植物造景要注意通过疏密有致的配植留住佳景，遮蔽不好的，方可互为因借。

图6-23　五龙潭公园水中建筑倒影

图6-24　杭州西湖

（三）水体植物造景

1. 水面植物造景

水面植物景观应低于人的视线，特别是在湖面景观的艺术构图中，多通过浮水植物和漂浮植物来打造低于人的视线的植物景观，用适宜的挺水植物点缀其中，结合岸边景观的倒影，构成一幅美丽的画面。水面植物造景中也要注意植物形态、质地等观赏特性的协调和对比，以及植物与水面的比例关系。

大水面的植物造景主要考虑远观和整体效果，以营造连续的水生植物群落为主，注重不同形态、色彩的水生植物搭配。大水面植物造景也可大片配置水生植物，如大面积种植荷花、睡莲、芦苇、王莲、荇菜等植物，给人以一种壮观的视觉感受。例如，济南大明湖上种植大量的荷花，体现了"接天莲叶无穷碧，映日荷花别样红"的意境（图6-25）。

小水面的植物造景主要考虑近观，以营造其精致、耐看的植物景观为主，注重植物单体的效果，对植物的姿态、色彩和高度有较高的要求，植物的配置既要突出个体美，又要考虑群体组合美及与周边环境的协调。水面上的浮叶及漂浮植物与挺水植物的比例要保持恰当，留出水面空间欣赏倒影。

2. 岸边植物造景

注重线条构图是岸边植物造景的重要内容。岸边的植物景观主要通过湿生的乔灌木和挺水植物来体现。乔木的枝干不仅可以在水面上形成优美的线条，还可以形成透景、框景等特殊景观效果，不同高度、形态的乔木可以组成多变的天际线，与岸边建筑、小品共同组景。岸边的灌木和花卉是岸边植物景观的重要组成部分，应多选择色彩艳丽、枝条柔美的品种丰富线条构图，增加倒影效果（图6-26）。

图6-25　济南大明湖遍植荷花

图6-26　杭州西湖花港观鱼

岸边植物造景不仅可以构成水体空间景观，还可以融合水体与周围驳岸的关系，实现从水面到堤岸的过渡，丰富岸边景观层次和色彩，突出自然野趣。驳岸有土岸、石岸、混凝土岸等不同材质之分，在形式上又有规则式和自然式之分。

（1）土岸的植物造景。自然式土岸边要营造自然的植物群落，多运用丛植、群植的配置方式，切忌等距种植或整形式修剪，从而失去自然趣味。植物造景要结合周边道路、地形共同组景，营造高低错落、疏密有致、时断时续、有远有近、富有自然野趣的植物景观，如英国园林中自然式土岸边的植物景观，多半以草坪为底色，为引导游人到水边赏花，常种植大批宿根、球根花卉，五彩缤纷。为引导游人临水观倒影，应在岸边植以大量花灌木、树丛及姿态优美的孤植树，尤其是变色叶及常色叶树种，一年四季都有色彩交替出现。

浅滩湿地驳岸运用水生和湿生植物对自然式土岸坡进行装饰，不仅可以起到打造景观的作用，也可以发挥其固土截污、净化水质、为鸟类及鱼类提供食物与栖息地等生态作用。湿地驳岸中常应用的植物有芦苇、香蒲、荻、千屈菜、鸢尾、菖蒲、芒草等。湿地驳岸的植物设计应模拟自然状态下的植物生长与分布状态，与美学、艺术相结合，做到源于自然、高于自然。

（2）石岸的植物造景。规则式石岸边的植物造景要巧妙运用植物打破规则式石岸生硬、枯燥的线条，以植物柔和多变的枝条进行遮挡，如种植垂柳、迎春，使其细长的枝条垂直水面，遮挡石岸。如南京瞻园规则式的石岸边种植垂柳和迎春，细长柔和的柳枝下垂至水面，弯曲的迎春枝条沿着笔直的石岸壁下垂至水面，遮挡了石岸的生硬（图6-27）。一些大水面规则式石岸很难被全部遮挡，只能用一些花灌木和藤本植物，诸如夹竹桃、南迎春、地锦来局部遮挡，以增加一些活泼气氛。台阶驳岸周边不栽植水生植物，以利于凸显台阶线条的节奏感，也利于人们的亲水活动。岸边可设计条带种植池，与河岸线条相呼应。

自然式的石岸植物造景要运用优美的植物线条及色彩增添石岸景色与趣味。自然式石岸线条丰富，但岸石美丑参差不齐，因此，植物造景时要利用植物景观遮挡丑的岸石，留下美的供游人欣赏，如扬州个园的水岸，利用迎春、五叶地锦等植物对石岸局部进行遮挡，露出部分石岸，有自然之趣（图6-28）。卵石驳岸可以在碎石缝隙中播撒草籽或栽植几丛宿根花卉、观赏草等，与碎石的粗糙质地相得益彰，近驳岸浅水区可局部少量点缀挺水植物，要注意控制栽植数量，保持卵石岸线的整体感。

图6-27　南京瞻园规则式石岸植物景观

图6-28　扬州个园自然式石岸植物景观

（四）园林中各种水体的植物造景

1. 静态水景的植物造景

（1）湖。湖泊是园林中常见的水体景观，湖面辽阔，视野宽广，给人以平静、清澈的感觉。湖泊植物造景多选用耐水喜湿、姿态优美、色泽鲜明的乔木和灌木，以群植、丛植为主，注重林冠线的丰富和色彩的搭配，突出季节景观，如杭州西湖的苏堤春晓、曲院风荷、平湖秋月等。早春时节，垂柳、悬铃木、枫树、水杉等新叶一片嫩绿，接着碧桃、日本晚樱、垂丝海棠、迎春等先后吐艳（图6-29）；夏季，湖中荷花争艳，香远益清；秋季，无患子、银杏、鸡爪槭、紫叶李、水杉等彩色叶树种组成了色彩斑斓的景观。

（2）池。池是小规模园林中水体的主要表现形式。在池的植物造景中，要突出"小中见大"的效果，常突出个体姿态或利用植物分割水面空间，增加层次，同时也可创造活泼和宁静的景观。池边植物主要选择多年生草本植物、花灌木，较远处种植大灌木或乔木，植物种植层次丰富，形成的倒影也更具有立体感。江南古典园林一般水面规模较小，所以水体以池为主，其处理水体的植物造景手法如下：园池旁配置少量体态富于变化之树，柳近水易于生长，姿态婀娜而偏于清丽，与水景协调配合，最能体现江南的妩媚多姿；高处常植迎春、络石等，错落有致；池岸路边植物则较稀疏，不遮水面视线。现代园林中，水池多采用几何形状，常以花坛或圆球形等几何规则式树形搭配，如澳门的一处城市绿地中的圆形水池，外部花坛种植雪叶菊、巢蕨、矮牵牛等植物，搭配海洋主题装饰物，给人以轻快愉悦的感受（图6-30）。

图6-29　杭州西湖春季景观　　　　图6-30　澳门城市绿地中的圆形水池植物景观

2. 动态水景的植物造景

（1）溪。溪流是最能体现山林野趣的水体形式，多出现在一些自然式园林中。溪流的植物造景以营造自然群落、模仿自然界野生植物交错生长状态为主。溪流旁乔灌木配置形式多为丛植、群植、林植等自然式种植形式，也可以布置花丛，沿着溪流形成美丽的花溪。同时，植物造景要考虑溪流的周边环境，顺应地势，以增强溪流的曲折多变及山洞的幽深感觉。溪流旁栽植观花或观叶乔灌木（如京桃、紫叶李、梨等）植物，可以与水的动态相呼应，形成落花景观；而林下溪边常植喜阴湿的植物，如蕨类、虎耳草、冷水花等，如上海延中绿地中的一处溪流，溪流边以栽植竹子为主，搭配低矮灌木，形成左右遮挡的狭长空间，起到夹景的作用，打造出流水潺潺的幽深、静谧氛围（图6-31）。

（2）泉。由于泉水喷吐跳跃，吸引人们的视线，可作为景点的主题，而泉边叠石间隙若配置合适的植物加以烘托、陪衬，效果更佳。泉的植物造景要营造自然错落的植物景观，多选用耐水湿、姿态优美、可观花观叶的植物品种。济南趵突泉，泉旁处处垂柳，栽植荷花，水底种植晶莹碧绿的各种水草，更显泉水清澈（图6-32）。深圳城市公园中的一处泉眼，植物组团以鸡蛋花、绿宝石喜林芋构成，展现了一派明媚、生机盎然的南国风光，与铺装、景石配合相得益彰。

图6-31 上海延中绿地一处溪流

图6-32 济南趵突泉

（3）河。在园林中自然河流的形式并不多见，主要为人工改造的河流。对于护坡较低、水位变化不大的河流，两边多植高大乔木，配合灌木地被，形成丰富的林冠线和季相变化。乔木可选择垂柳、榆树、朴树、枫杨、火炬树等枝条柔软的品种，柔条拂水，别有一番景致。灌木可选择迎春、连翘、锦带、紫薇、珍珠梅等开花植物，枝条披斜低垂水面，展现不同时节的烂漫花朵。河流旁也可做简单配置，即沿岸种植同一树种，如周庄河流两岸种植垂柳，搭配五叶地锦作为护岸植物，展现江南水乡的原始风貌（6-33）。对于水位变化大的河流，则以防汛为主，主要种植有固土护坡能力的地被植物，如紫花地丁、蒲公英和禾本科与莎草科的一些植物。

3.堤、岛、桥植物造景

水体中设置堤、岛、桥是划分水面空间的重要手段，堤、岛常与桥相连，它们周边的植物配置可以增加水面空间的层次，丰富水面空间色彩，活跃景观氛围。

（1）堤。在园林中，堤的形式并不多见，比较出名的有杭州的苏堤、白堤，北京颐和园的西堤等。堤多与桥相连，主要起到划分水面空间、组织游览交通路线的作用。堤的植物造景与道路相似，多以行道树方式配置，选择树形紧凑、枝叶茂密、分枝点高的乔木，为游人遮阴蔽阳。同时，由于堤临水面，所以植物应选择耐水湿的种类，考虑植物的姿态、色彩及其在水中的倒影效果。杭州西湖十景之一的"苏堤春晓"，以"一株杨柳一株桃"的栽植方式为其特点，形成开合有致的整体风格，道路两旁铺设草坪，配置玉兰、日本晚樱、海棠、迎春、桂花等各种开花植物，柳枝扶风，春花争艳，展现江南的无限春光（图6-34）。

图6-33 周庄河流两岸植物景观

图6-34 杭州西湖"苏堤春晓"堤边植物景观

（2）岛。岛的植物造景设计应根据岛的类型因地制宜、灵活把握。可游览的半岛或湖中岛的植物造景要首先考虑游览路线，为交通服务，多配置大乔木供游人庇荫和休息。临水边植物密度不能太大，应有疏有密、高低有序，留出透景线，让人能透过植物去欣赏水面景致。大明湖小岛上的亭台轩廊高低错落，周围疏植垂柳，将小岛环绕。不能登临仅供观赏的湖中岛，植物造景可营造植物密度大、层次丰富的植物群落，多选用树形优美、观花观叶的植物，营造变化丰富的林际线，要求四面皆有景可赏，四时有景可赏。

（3）桥。桥的植物造景设计主要是在桥头位置布置引导树，起到吸引游人视线、引导交通的作用。植物的品种、大小要根据桥的体量、位置、形式、色彩及建筑风格来确定。比较大的桥配置垂柳、水杉、合欢、香樟等大乔木；体型中等的桥搭配桂花、丁香、碧桃、鸡爪槭、红枫等色彩鲜艳、枝叶开展的小乔木或灌木，还可搭配置石、花坛形成植物组合；体型较小的桥，桥头可不栽植大树，以免喧宾夺主，可用水生植物（如再力花、千屈菜）或草本植物（如蒲苇等）代替。同时，还要考虑桥与植物搭配的立面效果，植物要疏密得当，与桥身造型相互配合。

三、园林植物与园路的组景设计

园林中的道路遍布各处，起到了集散、组织交通和导游的作用，因此，园路的植物造景设计要营造良好的植物景观，满足人们游赏的需要。园路的布局宜自然、流畅，顺应地形变化，两旁可用乔灌木及地被植物多层次结合，形成层次丰富多变的植物景观。人们漫步在园路上，远近各景可构成一幅连续的动态画卷，具有步移景异的效果。

微课：园林植物与园路组景设计

（一）园路植物造景要点

1. 限定园路空间

园路两旁的植物景观可通过或疏或密的围合创造出封闭或开放的园林空间。封闭空间适合安静休憩，开放空间适合组织赏玩活动。通过空间虚实明暗的对比与烘托，可形成引人入胜、富于变化的道路景观。对植和列植是限定园路空间的常用种植形式。对植主要用于强调道路出入口的轴线关系，在构图上形成配景与夹景。列植则可营造道路两旁整齐、有气势的氛围，也可起到夹景作用。

2. 引导游览

道路两旁植物对于园林景观有导向性，往往通过道路植物景观的引人入胜引导游人进入情景之中，步入主景，正所谓"曲径通幽处，禅房花木深。"巧妙地布置园路旁的植物，使游人产生步移景异之感。园路的路口、尽头、转弯处这些重点位置一般安排孤植树、树丛或花丛，营造在色彩上和体量上都鲜明、醒目的焦点景观，形成障景、对景、点景等，起到引导和标志作用。杭州西湖牡丹亭园路转弯处的孤植树——大香樟，树下配置几株杜鹃、几丛沿阶草、几块景石，自然活泼，起到吸引视线、引导游览的作用。另外，利用植物对视线的遮蔽及引导作用，在道路借景时做到"俗则屏之，嘉则收之"，丰富道路植物景观的层次与景深。

3. 利用构图法则

在园路植物造景时，应选择主调树种、配调树种，做到主次分明，体现多样性与统一性（图6-35），多选择季相变化明显的植物品种，增强园路植物景观的季相变化，做到四季有景。园路植物景观讲求连续动态构图，宜采用交替韵律、渐变韵律、交错韵律等，避免单调。当园路两旁的植物配置采用不对称的形式时，应注意植物景观的均衡，以免产生歪曲或孤立的空间感觉（图 6-36）。

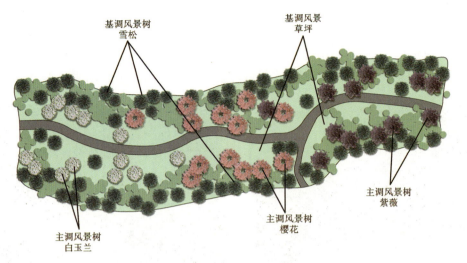

图 6-35　道路两旁植物主次分明

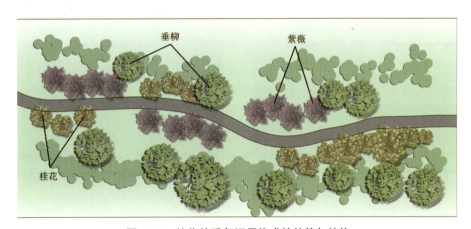

图 6-36　植物的重复运用构成的韵律与结构

（二）园林中不同类型园路的植物造景

1. 园林主路的植物造景

园林中主路是连接园林入口到全园各景区中心、主要景点、建筑及管理区的主要道路，游客量较大，一般设计为环路，宽度为 4 ～ 6 m。园林主路的植物景观代表了整个园林的形象和风格，植物造景设计要满足园路的功能要求，形成与其定位一致的气势和氛围。主路连接主入口路段的植物造景要体现植物景观的气势，多选用大量的植物材料来营造，或通过构图手法来突出，如用大片色彩明快的地被或花卉，体现入口的热烈和气势。

平坦笔直的主路两旁以规则式配置为主，便于设置对景，构成一点透视。植物造景上多选用树干通直、冠型整齐、枝叶浓密、展叶早、分枝点高、抗污力强的乔木作主调树种栽植，也可搭配枝叶丰满、叶色艳、耐修剪或花期长的灌木形成多层次的植物景观（图 6-37）。主路两旁也可采用同一树种，或以一种树为主，搭配其他花灌木，突出一路一景特色景观。植物造景设计过程中要选用在形态、色彩等方面有差异的植物品种，同时还应注重与园路的功能要求及周围环境的融合统一。

蜿蜒曲折的主路两旁植物以自然式配置为主，不宜成行成排地栽植，也不可只用同一树种。园路的植物造景要营造有疏有密、高低错落的近自然植物群落，配置形式要富于变化，植物景观上可以配置孤植树、树丛、灌木丛、花卉等，配以水面、山坡、建筑与小品，结合地形变化，形成丰富的路侧景观（图6-38）。有微地形起伏的路段，可结合地形营造复层混交的人工植物群落。路边若有景可赏，可在地形处理和植物配置时留出透景线。在较长的自然式园路旁，为避免景色单调乏味，可选用多树种组合配置，明确一个主调树种，搭配不同花色、叶色的灌木，在丰富色彩中保持统一和谐。

图6-37 徐家汇公园主路的规则式种植

图6-38 五龙潭公园主路的自然式种植

主路的植物造景形式还应随着景观区域类型的变化而改变：树林草地区的路旁植物景观层次可逐渐递进，形成层次景观；开敞草坪区则可在路缘用花卉作点缀，防止近景乏味；单调密林区可在道路转弯处内侧采用枝叶茂密、观赏效果好的植物作障景，让游人感到"山重水复疑无路，柳暗花明又一村。"

2.园林支路的植物造景

支路是园林中各景区内的主要道路，一般宽度为2～3 m。支路的植物造景形式多样，两侧可只种植乔木或灌木，也可以乔灌木搭配，形成满足遮阴和观赏的植物景观。支路的植物品种可根据各景区的主题来选择，如北京植物园的一条支路是碧桃园和丁香园的分界，于邻碧桃园的路侧栽植蟠桃为主，丁香园一侧则以北京丁香为主作自然式栽植，道路两侧也分别点缀丁香和碧桃数株作呼应，形成了灵活自然的园路景观。

3.园林小路的植物造景

小路是园林中的小支脉，宽度为1～1.5 m。小路的植物造景设计主要是加强游览功能和审美效果。植物造景要根据小路所处地形和周围环境的不同而不同。树林中的小路，应以大乔木浓荫覆盖，营造比较封闭的道路空间；山石园中的小路可在旁栽植藤本植物，与周边岩石搭配，别有趣味；花园小路则植物配置精细，乔木有高有低，与地被植物、置石搭配，自然恬静。

（1）山林野径。在山地或平地树丛中的园路，自然静谧，极富山林之趣。植物造景上要选择树形高大、姿态自然的乔木，以便有高耸之感，树木要密植且有一定厚度，树冠遮阴，树下多用低矮地被植物，少用灌木，使游人有入山林之感。山林小径的植物配置要结合周围环境和原有植被，顺应地势，结合自然山谷、溪流和岩石，因地制宜地营造自然景观。

（2）竹径。竹径在中国古典园林中极为常见，给人一种幽静的氛围。竹径的植物造景要注意园路的宽度、曲度、长度和竹的高度，蜿蜒曲折的小路配置一定厚度和高度的竹子才能使人有"曲径通幽"之感，如济南趵突泉公园的一段竹径，小路曲折蜿蜒，两侧密植竹子，通向风格别致的月洞门，有竹林幽深之感（图6-39）。扬州个园以竹子为主题，竹林小径搭配置石，竹子高度在2 m以上，游人漫步其中，清净幽谧。

（3）花径。花径是指在一定的道路空间里，以花的姿态和色彩来营造气氛，给人以美的享受，在园林中具有独特的趣味。小路两旁可配置花境、花带，也可种植木本花木，如玉兰、桂花、樱花、京桃、山杏、梨、山楂、丁香、榆叶梅、连翘等。花径的植物造景要选择开花丰满、花型美丽、色彩鲜艳、花期较长，兼有芳香气味的植物品种，也可补充彩色观叶或观果的植物品种，以弥补淡花季节色彩单调的缺憾。植物配置株距要小，花灌木要密植，要有高大的背景树，下方也可搭配一二年生植物或多年生宿根花卉，如杭州植物园的桃花径、北京颐和园的连翘径、澳门氹仔市政花园的阶梯花径（图6-40）。

图6-39　趵突泉公园的竹径

图6-40　澳门氹仔市政花园的阶梯花径

四、园林植物与山石的组景设计

在园林中，山石是重要的造园素材，因此，植物造景设计要根据山石本身的特征和周边的具体环境配置形态、色彩与之相协调的植物，烘托出山石的独特魅力，传递大自然的趣味。

（一）园林山体的植物造景

1. 土山

土山是以土为主要材料堆筑的山，一般面积较大且土层深厚，适合乔木、灌木、草本、藤本、竹类植物的生长。

（1）打造富于变化的天际线。人工堆砌的土山形态稳定，缺少变化，因此要重点塑造山体植物景观的林冠线，采用高低不一的植物配合山峰轮廓及山体走势，山体的天际线具有韵律节奏且更富于变化。植物造景上多选用彩叶树种和变叶树种，丰富季相变化，也可以配置单纯树种或多树种混合配置。

微课：园林植物与园林小品组景设计

（2）营造山林空间。土山往往不考虑山形的具体细节，而是加强植物景观的艺术效果，让人有置身山林的感受，同时借山岭的自然地势划分景区，每个区域突出一两个树种，形成特色景区。在进行植物景观设计时，应注重保护原有的天然植被，以乡土树种为主，按照当地气候带的自然植被分布规律进行植物景观设计，体现浓郁的地方特色。

2. 土石山

（1）土多石少。土多石少的山体大多以石为基础，上面覆盖土层加固，或土石相间，四周山坡围土，山顶垒石。这类山体朴实无华，比较接近自然山体，其植物造景可参考土山的造景方法，由下至上，由密到疏，可以营造出具有山林野趣的植物景观。苏州沧浪亭的土石假山就是典型的土多石少类型，以黄石为基础，混假山于真山之中。山上配置大乔木，老树浓荫，箬竹披拂，藤萝满挂，野花丛生，满山葱茏。

（2）石多土少。石多土少的山体多以石构筑山体和洞窟，山顶或石缝覆盖比较薄的土层。此类假山也可石壁与洞用石，山顶和山后覆以厚土，如苏州耦园的黄石假山。山体也可四周及山顶全部用石，但下部无洞，成为整个的石包土，此类以留园中部池北的假山为代表。植物造景设计以土层条件为依据。土层厚可种植乔木，点缀山隙之中，绿荫覆盖；土层稀薄可种植灌木、草本植物或藤本植物。

3. 石山

全部用石的假山一般体形较小，植物点缀其中。石山在营建山体时往往预留栽植植物的缝隙，因此，石山的植物造景要求植物植株低矮、生长缓慢且抗逆性强，多以灌木、藤本和草本植物为主，同时要求植物姿态优美，色彩鲜艳。在山顶、峭壁的石缝浅土层中可种植草本植物、灌木、藤本植物；在山坳、山脚、山沟的深土层中可种植少量形体低矮、体态婀娜的乔木；在石缝渗水的角落可栽植苔藓和蕨类植物，例如扬州个园夏山，以青灰色太湖石为主，叠石似云翻雾卷之态，山顶建一亭，傍依老松，山脚修竹几丛（图6-41）；秋山以黄石为主，山隙古柏斜伸，倚伴嶙峋山石，搭配红枫、桂花，展现秋景之美（图6-42）。

图 6-41　扬州个园夏山　　　　　　　　　　图 6-42　扬州个园秋山

（二）景石的植物造景

景石在园林中应用广泛，因其特殊的造型常作为主景或局部空间的焦点。景石旁的植物景观主要是烘托景石的形态美，或是表现景石与植物交错共生的整体美。

大型的景石以太湖石为代表，以"瘦、漏、皱、透、丑"为美，植物造景以低矮小乔木或灌木为宜，或配置宿根花卉、一二年生花卉、草皮等低矮的色彩鲜艳的植物。通过植物的形态、大小、色彩等与景石对比，展现景石的魅力。例如苏州留园冠云峰，配置沿阶草、红枫，衬托出冠云峰的高峻挺拔（图6-43）；杭州西湖江南名石苑内的绉云峰以大乔木为背景，前植沿阶草、杜鹃等低矮花木。有的景石局部有瑕疵，植物造景时要利用植物进行遮挡，可用藤本植物或在景石前植灌木来遮挡，通常选择姿态优美、叶形漂亮或叶色醒目的品种。

组合景石或体量较小的景石旁的植物造景可孤植，形成一树一石质朴自然的景观；也可丛植，形成层次丰富、高低错落、有季相特点的群落景观；还可运用人工造型植物与景石配置形成人工美与自然美相结合的景观（图6-44）。中国古典园林中常与景石搭配的植物有松柏、梅花、竹子、垂柳、芭蕉等，不同植物的搭配也能让人获得不同的意境感受。

图6-43　苏州留园冠云峰

图6-44　景石与剪型植物、孤植树的组合

 知识拓展

一、水体生态系统的修复与营建

园林水体及湿地的植物造景不能只考虑景观效果，还要兼顾生态效益，保持水质和正常的生物循环，维持生态平衡。水体本身有一定的自净能力，可以通过微生物将有机物分解成无机物，再由植物通过光合作用转化成植物生长所需的碳水化合物。如果水中的有机物含量超标，就会引起水质变化，水体就会变黑变臭，水体原有的生态平衡就被打破。因此，修复和营建水体生态系统要综合运用物理、化学、水生植物及其他生物的净水作用。

（一）隔绝污染源

水体中的污染源主要来自生活污水和工业污水。生活污水含有高浓度的氮、磷等元素，还有家畜、家禽等排泄物，有机物含量过高；而工业污水中的有害物质更是多种多样。因此，从根源上隔绝污染源，切断污水排放是首要措施。

（二）营建沉水植物群落

沉水植物是净化水质的主力军，因此水底要有一定的土层供沉水植物生长，营建沉水植物群落。有的水体底部是钢筋水泥和防渗膜，没有土层，沉水植物无法生长。

（三）利用驳岸空间打造植物群落

充分利用各种驳岸的特点，营建净水植物群落。水体的驳岸应多采用有利于浅水、沼泽植物生长的自然土驳岸，或掺有卵石和沙的土驳岸，给净水的植物提供生长的空间。坡度较陡的驳岸为稳固岸线，可在岸边水下设置沉箱、混凝土预制构件、石材；坡度较缓的驳岸可打树桩稳固岸线，结合水、陆种植植物，保证岸栖植物生长环境。

（四）植物景观设计充分发挥植物净水作用

从植物个体净水能力来讲，不同植物种类对元素的吸收具有选择性。旱伞草、姜花吸收氮元素能力强；香蒲、花菖蒲吸收磷能力强；水烛、香菇草、美人蕉吸收钾能力强；茭白、花叶芦竹、旱伞草、泽泻吸收钙能力强；再力花、水禾吸收镁能力强；千屈菜、香蒲、慈姑吸收铁能力强；花叶芦竹、旱伞草、泽泻、水禾、莕菜吸收锌能力强；慈姑、睡莲、香蒲、梭鱼草吸收铅能力强；旱伞草、泽泻、水禾、花菖蒲吸收钠能力强。

湿地生态系统的营建主要是通过营建食物链以达到生物多样性，形成食物链，从而初具湿地生态系统。水生植物、鱼、螺蛳、虾等形成食物链，在岸上再种植李、柿、梨、海棠果、山里红、樱桃等提供鸟类喜食的果实，水中和陆地的食物链就能引来大量的鸟类。种植槐树、刺槐、枣树、椴树、荆条等就能引来大量蜜蜂，种植合欢、黄连木、香樟、阴香、一串红、一串蓝、大王龙船花、五色梅、细叶萼距花、柑橘、柚子等就能引来大量蝴蝶的幼虫和成虫。因此，湿地植物景观所选用的植物不但要符合湿生的生态环境，还须在形成食物链中起到不可替代的作用。

二、微地形的植物造景

微地形是现代园林中常见的地形处理方式，主要是指公园中的山丘、道路两旁的坡地、堤岸等。在微地形上运用园林植物进行植物造景，可以巧妙地利用地势差分隔空间，创造丰富的园林景观。

（一）微地形植物景观的功能

微地形植物景观可以有效防止土壤被雨水冲刷，减少对土壤的侵蚀，例如，坡地和堤岸上的植物群落能够缓和雨水对土壤表面的冲击作用，减少雨水对微地形的冲刷及土壤径流量，有效防止坡面的水土流失。植物景观还可以在微地形上形成绿色屏障，柔化山坡产生的反光现象，还能有效阻挡城市中的粉尘，起到净化空气的作用。在微地形上进行植物造景还可以创造出美丽的立体景观，巧妙地运用植物搭配可以打造独特的城市景观，美化城市。

（二）微地形植物造景形式

微地形的造景形式主要根据植物的生长特点和布置方式来划分。披垂式造景形式是指选用藤蔓植物或花灌木种植在斜坡或堤岸顶部边沿，使其枝叶飘曳下垂。这种造景形式既可保护坡面，又可柔化、美化坡面，清风徐来之时，有一种动态飘逸之美。覆盖式造景形式即选用藤蔓植物、草坪或其他地被植物保护微地形。这种绿化形式要求植物材料有好的覆盖性，种植时密度较大，好似给斜坡或山体披上一层厚厚的绿被。自然式造景形式则是指各种地被植物或其他低矮的花灌木自然生长在溪边、路旁、山丘等坡地的一种绿化形式。在园林绿化中，多以人工的方式来模拟自然界的这种生长状况，

配置草坪，种植乔灌木，形成复层混交的植物群落。阶地式造景形式是指在微地形上布置阶地。这种布置方法更显生动、活泼，同时能为植物的生长创造一个较好的环境。在坡度较大的坡地上布置台地，可以缓和坡度，阻挡部分土石滑落，保留较厚的土层，一定程度上改善植物生长的土壤条件，有利于植物的生长。

微地形植物造景首先要满足植物的生态要求。微地形在不同的朝向其环境差异较大，向阳面日照强而干燥，背光面则日照弱而较湿润，因而在植物景观设计时要注意植物喜光耐阴的习性。其次微地形植物造景要和周围环境相适宜，例如，公园中山体的绿化，要和整个公园的环境相协调，起到美化和点景的作用。另外，还要注意植株的色彩与高度、花色与花期等，使微地形上的植物有丰富的季相变化。

（三）微地形植物材料选择

可以应用于微地形植物造景的植物品种很多，考虑其特殊立地条件的限制，要具体情况具体分析，选择最适合当地条件的植物，以使植物能够健壮成长，达到令人满意的绿化和景观效果。在选择植物材料时需要重点考虑如下几点：

（1）选择生长快、适应性强、病虫害少的植物，并尽量多用常绿植物。

（2）选择耐修剪、耐瘠薄土壤的深根系植物。

（3）选择繁殖容易、管理粗放、抗风、抗污染且有一定经济价值的植物。

（4）选择造型优美、枝叶柔软且修长、花芳香且有一定观赏价值的植物。

地被植物是微地形植物造景最常用的植物材料，大面积种植可达到整体和谐统一的效果，不仅可以绿化山坡，还使山坡富有诗意。北方地区常用的地被植物有地锦、沙地柏、百里香、白三叶、红三叶、紫花地丁、鸢尾、萱草、地被月季、诸葛菜、荚果蕨、莓叶委陵菜、鹅绒委陵菜、连钱草等。

花灌木也是微地形植物造景的常用材料，一般要求灌木枝叶柔软下垂，以利于丰富景观层次。此类花灌木首先要适应当地生境，易于生长，具有耐旱、根系多而深等特性的植物最佳；其次，要有较大的冠幅或高密度的枝叶；最后，从美化的角度来讲，植物还要有美丽的花朵、醉人的香味、漂亮的果实，如杜鹃、紫叶小檗、小叶黄杨、迎春、枸杞、金钟花、金丝桃、栀子、丰花月季、变叶木、红桑、扶桑、假连翘、溲疏、太平花、榆叶梅、连翘、丁香等。

提升训练

➤ 训练任务及要求

（1）训练任务。选择一块城市绿地，以现场调研的方式考察该绿地植物景观与其他景观要素的配置情况，分析植物与其他景观要素组景的适宜性，完成绿地植物景观与其他景观要素配置的分析评价报告。

（2）任务要求。

①以小组为单位完成调研、分析任务，分工合理，目的明确。

②报告应包含绿地总平面图、局部平立面图和实景照片。

基础篇

实战篇

③每人分析一个景观要素（建筑、水体、道路、山石），由组长整理、汇总并撰写分析报告，报告要图文并茂。实行自愿汇报和随机抽取汇报的方式，汇报小组需要制作PPT。

考核评价

考核评价表

评价类别	评价内容		学生自评 （20%）	组内互评 （40%）	教师评价 （40%）
过程考核 （50分）	专业能力（40分）	资料收集整理能力（10分）			
		植物特性及应用分析能力（20分）			
		图纸表现能力（10分）			
	职业素养（10分）	工作态度（5分）			
		团队协作（5分）			
成果考核 （50分）	报告表完整性（20分）				
	报告表述准确性（10分）				
	汇报展示 （20分）	汇报思路清晰，逻辑结构合理（5分）			
		语言表达流畅、简洁，行为举止大方（10分）			
		PPT制作精美、高雅（5分）			
总评				总分	
	班级		第　组	姓名	

任务七 园林植物造景程序与方法

植物造景准备阶段
- 接受任务
- 获取图纸资料
- 获取基地其它信息

设计研究分析阶段
- 现场调查与测绘
- 综合分析与评估

方案设计阶段
- 功能分区规划
- 植物造景规划
- 植物造景平面规划

植物造景施工图设计阶段
- 绘制植物造景施工图
- 绘制种植施工详图

设计后期服务阶段
- 技术交底会
- 现场服务
- 参加竣工会议

知识准备

园林植物造景程序与方法

知识拓展 —— 园林植物的表现技法
- 乔木的平面、立面表现
- 灌木的平面、立面表现
- 草坪的表现

提升训练
- 训练任务及要求
- 考核评价

学习目标

知识目标

（1）掌握园林植物造景的一般工作流程；

（2）掌握园林植物造景工作流程的具体工作内容；

（3）了解园林植物的表现技法。

技能目标

（1）能按照园林植物造景的程序，完成不同绿地的植物造景；

（2）能根据相关设计规范，合理完成相应绿地植物景观设计。

> **素质目标**

（1）通过相关设计规范的学习，培养学生的职业素养；

（2）通过设计场地调研，培养学生精益求精的工匠精神。

知识准备

进行一个项目的植物造景，必须按照合理的程序进行。园林植物景观设计从接受设计任务开始，到调查研究，再到方案设计阶段，直至植物景观施工图设计阶段结束，是一个完整、有序的过程。在这个过程中，不同设计阶段的工作重点不同，前一个阶段是后一个阶段的基础，因此，各个阶段之间需要有良好的衔接，见表7-1。植物造景总体规划是与园林设计总体规划内容同时进行的，彼此之间相互联系。

表 7-1　园林植物造景的一般程序

工作流程	阶段任务	阶段成果	阶段具体工作内容
准备阶段	接受任务：明确设计项目	设计任务书	解读甲方的建设要求，收集项目相关资料（绿地类型、功能、图纸等）
			提出合理性建议，编写设计任务书
设计研究分析阶段	现场调查与研究：明确绿地的性质；确定设计中需要的因素和功能；需解决的问题及明确预想的设计效果	现状分析图	了解现场地形、原有植物（种类、分布、色彩及季相变化、高度、栽植密度、树龄）、水体、建筑、周边环境情况等
			确定绿地类型、预算款项等
			对现有建成环境做评估分析
			确定植物功能、布局、种植方式及范围
方案设计阶段	功能区划分：确定总体规划，明确功能分区	功能分区图	在图纸上标明植物的设计形式（障景、围合、空间、视线焦点等）
			初步考虑种植区域范围、相对面积和局部区域的植物初步布局、植物类型（乔、灌、草）大小及形态等
	植物造景规划：确定主景树树种	植物造景规划图	分析植物色彩和质地间的关系（不需考虑确切的植物种类）
			分析种植区域内植物间及其他要素的高度、密度关系
			布置主景树，考虑主景树间的组合关系
	植物造景方案细化：乔灌木的搭配和树种的确定	植物造景平面图	考虑植物组合间、群落间的关系
			考虑植物间隙和相对高度、树冠下层空间的详细种植设计
			修改部分植物布局位置、栽植面积等
施工图设计阶段	确定植物具体种植点	植物造景施工图	确定具体植物种类、规格、数量等

一、植物造景准备阶段

（一）接受任务

设计师在这个阶段要充分了解甲方的具体要求，确定在接下来的设计工作中哪些必须深入细致地调查、分析并且进行相应的设计表达，哪些是次要关注、考虑和呼应的。依据自己的专业知识、从业经验并经过必要的咨询，对甲方确立的目标提出有依据的、科学的、建设性的修改意见，这是整个植物造景的前提。

（二）获取图纸资料

委托方（甲方）应向设计者提供基地的测绘图、规划图、树木现状分布位置图及地下管线等图纸，设计者根据这些图纸确定以后植物可能的种植空间及种植方式，根据具体的情况和要求进行植物景观的规划设计。

（三）获取基地其他信息

（1）自然状况。地形、地质、水文、气象等方面的资料。

（2）植物状况。项目基地的乡土植物种类、群落组成及引种植物情况等。

（3）人文历史资料调查。当地风俗习惯、历史传说故事、居民人口及民族构成等。

总之，设计者在接到项目后要多方收集资料，尽量详细、深入地了解项目的相关内容，以求全面地掌握可能影响植物的各个因素，从而指导设计者选择合适的植物进行植物景观的创造。

二、设计研究分析阶段

（一）现场调查与测绘

无论设计项目大小，设计者都要亲自到现场进行实地调查与实测。一方面，核对并收集资料，通过实测对资料进行补充完善。特别注意的是，场地中的植物，它们的胸径、冠幅、株高等也需要记录清楚，便于后面分析是否保留。另一方面，设计者可以在现场进行艺术构思，确定植物的设计风格或配置形式，通过视线分析，确定周围对该地段的影响，做到"俗则屏之，嘉则收之"。

（二）综合分析与评估

1. 综合分析

综合分析场地现状是设计的基础和依据，尤其是对与基地环境因素密切相关的植物。基地现状分析关系到植物的选择、植物的生长、植物景观的创造、植物景观功能的发挥等一系列问题。

综合分析的内容包括基地的自然条件（地形、土壤、光照、植被、小气候等）分析、环境条件分析、服务对象分析、经济技术指标分析等多个方面。在分析表示景观场地内各种因子间的关系及相互作用时，每一个因子都可以被看作影响景观的一个"层"。针对某一具体的景观场地进行分析时，可以将影响场地的各种因子要素相互叠加，即采用叠图法进行分析（图7-1）。这种方法在使用CAD绘制图纸时较为简单，可以将不同内容绘制在不同图层中，使用时根据需要打开或关闭相应图层即可。

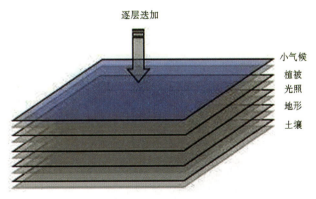

图 7-1　现状分析中的分层叠图法示意

2. 现状分析图

现状分析图主要是将收集到的资料及现场调查得到的资料利用特殊符号标注在基地底图上，并对其进行综合分析和评价。将现状分析的内容放在同一张图纸中，这种做法比较直观，但图纸中表述的内容较多，所以适合现状条件不太复杂的情况，通过该图能全面了解基地的现状。若现状条件复杂、内容较多，则需多张图纸进行表达。现状分析图的目的是更好地指导设计，所以不仅要有分析的内容，还要有分析的结论。通过对基地条件进行评价，得出植物造景的有利和不利条件，并提出解决的办法。

三、方案设计阶段

在完成前阶段的工作任务后，就可以进行种植方案设计了。种植方案的设计包括功能分区规划、植物造景规划。

（一）功能分区规划

根据甲方所给的基础资料和场地现状分析的结果，进行概念性的设计，确定总体风格，以及方案的功能特点、大概设计手法，进行成本估算。这个阶段是设计的关键阶段，在这个阶段决定的风格、功能都是设计的灵魂，以后的所有步骤都是在这个步骤的基础上进行的，只有通过概念方案设计得出好的构想才能打动委托方，工程才能得以顺利进行。通常设计是利用圆圈或其他符号表示功能分区，即泡泡图，图中应标示出分区的位置、大致的范围、各分区之间的联系等。在这一阶段主要考虑以下几个问题。

1. 确定种植范围

根据现状分析图，确定植物景观点及开敞空间、封闭空间、半封闭空间，绘制功能分区图。用线标示出各类植物的种植范围，并注意各区域之间的联系和过渡（图7-2）。

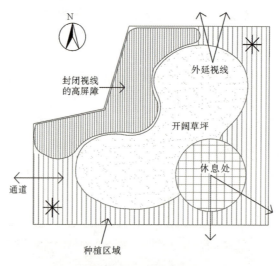

图7-2　植物分区规划图

2. 确定植物的种植类型

根据植物分区规划图选择植物类型，通常利用植物大类进行示意，如标明落叶、常绿、乔木、灌木、地被、草花等，不用确定具体植物的名称（图7-3）。

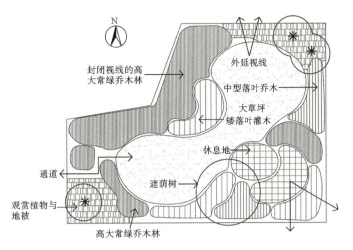

封闭视线的高大常绿乔木林

外延视线

中型落叶乔木

大草坪

矮落叶灌木

休息地

遮荫树

通道

观赏植物与地被

高大常绿乔木林

图 7-3 植物种植构思图

3. 分析植物组合效果

分析植物组合效果主要是明确植物的大小，最好的方法是绘制植物景观立面图。设计师通过立面图分析植物的高度组合，这样一方面可以判定这种组合是否能够形成优美、流畅的林冠线，另一方面可以判定这种组合是否能够满足某种功能需要，如私密性、防风等。

4. 选择植物的颜色和质地

在分析植物组合效果时，若有色彩质地方面的考虑，也可以绘出春、夏、秋、冬四个季节的季相景观。这一环节没有设计具体的某一种植物，完全从宏观入手确定植物的分布情况。先建立一个完整的轮廓，而非具体的某一环节，只有这样，才能保证设计中各部分的联系，形成一个统一的整体。另外，在自然界中植物的生长也并非孤立的，而是以植物群落的方式存在的，这样的植物景观效果最佳，生态效益最好，因此，植物设计应该先从整体入手。

（二）植物造景规划

在植物种植分区规划的基础上，进一步确定植物的名称、规格、种植方式、栽植位置等。

1. 确定基调树种和骨干树种

根据初步构思的内容，确定绿地的基调树种和骨干树种。基调树种是指各类园林绿地均要使用的、数量最大的、能形成全局统一基调的树种，一般小型绿地 1 ～ 2 种，大型绿地 3 ～ 4 种即可，应为本地区的适生树种。骨干树种即是园中景区内栽植的主要植物种类，每个景区根据面积大小可规划 5 ～ 6 种或 8 ～ 9 种，各景区的骨干树种可以重复，而且应该体现全园的基调树。

2. 确定主景树

主景树是构成整个植物景观的亮点，需要先确定其位置、品种、规格和外观形态，它可以是独立的元素，也可以是一个群体，主要依据植物体量大小而定，但这并非最终结果，在详细阶段可以进一步调整。

3. 确定配景植物

主体树种确定完成后，就可以着手其他配景植物了，选择配景植物主要考虑植物的观赏特性、植物的景观效果及乔灌草比例搭配产生的生态效益。

（三）植物造景平面规划

该环节属于园林植物造景的细部设计阶段，是利用植物材料使种植方案具体化，包括详细的植物造景平面、植物的种类等。由于生长习性的差异，植物对光线、温度、水分和土壤等环境因子的要求不同，抵抗劣境的能力不同，因此在详细设计阶段应针对基地的特定土壤、小气候条件和植物选择进行进一步确定其形状、色彩、质感、季相变化、生长速度、生长习性、造景效果、相匹配的植物种类。

1. 植物品种的选择

在选择植物时，应该综合考虑各种因素：基地自然条件与植物的生长习性、观赏特性和使用功能，当地的民俗和人们的喜好，设计主题和环境特点，项目造价，苗源，后期养护管理等。

2. 植物的规格

在图纸中绘制乔灌木时，一般以成年树冠的75%绘制。设计者应根据植物成熟外观进行设计而不是局限于眼前的幼苗大小考虑。要熟知植物材料最终成年的外貌，才能正确应用植物单体。

3. 植物栽植密度

在组团设计时，要想获得理想的植物景观效果，在满足植物正常生长条件的前提下每个单体植物之间应稍有重叠，避免树下形成废空间。单体植物树冠的重叠度基本上为各植物树冠直径的1/4～1/3。

4. 古树、名木保护

古树是指树龄在百年以上的树木。名木是指稀有、珍贵树木或具有重要历史、文化、科学研究价值和纪念意义的树木。古树、名木一经发现必须重点保护，其设计要点如下。

（1）古树、名木保护范围：在成行地带外缘树冠垂直投影及其外侧5 m宽或树干外扩15 m的范围，两者中取大值，划定古树、名木的保护范围。在保护范围内不得损坏表土层和改变地表高程，不得设置建筑物、构筑物及架（埋）各种过境管线，不得栽植缠绕古树、名木的藤本植物。

（2）保护范围附近不得设置造成古树、名木的有害水、气的设施。

（3）采取有效的工程技术措施和创造良好的生态环境，维护其正常生长。

（4）在绿化设计中要尽量发挥古树、名木的文化历史价值，丰富环境的文化内涵。

5. 植物种植规范要求

在确定具体种植点位置时还应该注意符合相关设计规范、技术规范的要求。植物种植点位置与架空电力线路导线、管线、建筑的距离见表7-2～表7-5。

表7-2　植物与架空电力线路导线之间最小垂直距离

电线电压 /kV	<1	1 ～ 10	35 ～ 110	220	330	500	750	1 000
最小垂直距离 /m	1.0	1.5	3.0	3.5	4.5	7.0	8.5	16.0

表7-3　植物与地下管线最小水平距离

m

管线名称	新植乔木	现状乔木	灌木或绿篱
电力电缆	1.5	3.5	0.5
通信电缆	1.5	3.5	0.5
给水管	1.5	2.0	—
排水管	1.5	3.0	—
排水盲沟	1.0	3.0	—
消防龙头	1.2	2.0	1.2
燃气管道（低中压）	1.2	3.0	1.0
热力管	2.0	5.0	2.0

注：乔木与地下管线的距离是指乔木树干基部的外缘与管线外缘的净距离。灌木或绿篱与地下管线的距离是指地表处分蘖枝干中最外的枝干基部外缘与管线外缘的净距离。

表 7-4　植物与地下管线最小垂直距离　　　　　　　　　　　m

名称	新植乔木	现状乔木	灌木或绿篱
各类市政管线	1.5	3.0	1.5

表 7-5　植物与建筑物、构筑物的外缘的最小水平距离　　　　　　m

名称	新植乔木	现状乔木	灌木或绿篱
测量水准点	2.00	2.00	1.00
地上杆柱	2.00	2.00	—
挡土墙	1.00	3.00	0.50
楼房	5.00	5.00	1.50
平房	2.00	5.00	—
围墙（高度小于 2 m）	1.00	2.00	0.75
排水明沟	1.00	1.00	0.50

注：乔木与建筑物、构筑物的距离是指乔木树干基部外缘与建筑物、构筑物的净距离。灌木或绿篱与建筑物、构筑物的距离是指地表处分蘖枝干中最外的枝干基部外缘与建筑物、构筑物的净距离。

摘自中华人民共和国国家标准《公园设计规范》（GB 51192—2016）

6.局部调整

设计者在完成群体和单体布局后，还应考虑到设计的某些部分是否需要变更。从平面构图角度分析植物种植方式是否合适；从景观构成角度分析所选植物是否满足观赏的需要，植物与其他造园要素是否协调。这些方面最好结合立面图或效果图来分析。核对每一区域的现状条件与所选植物的生态特征是否匹配，是否做到"适地适树"。最后进行图面的修改和调整，完成植物种植设计的详图，并绘制植物名录表。

四、植物造景施工图设计阶段

（一）绘制植物造景施工图

园林植物造景施工图是对植物方案设计的细化，是非常具体、准确并具有可操作性的图纸文件。园林植物造景施工图在整个项目的规划设计及施工中起着承上启下的作用，是将规划设计变为现实的重要步骤。它直接面对施工人员，同时也是绿化种植工程预结算、施工组织管理、施工监理及验收的依据。因此，植物造景施工图设计要求准确、严谨，图纸表达简洁、清晰。一套表达完整的植物造景施工图，其内容应包括以下内容。

（1）分别对乔、灌、草等不同类别的园林植物绘制施工图。

（2）对于园址过大、地形过于复杂等的设计，设计者通常采用包括总平面图（表达园与园之间的关系，总的苗木统计表）→各平面分图（表达在一个图中各地块的边界关系，该园的苗木统计表）→各地块平面分图（表达地块内的详细植物种植设计，该地块的苗木统计表）→重要位置的大样图的四级图纸层次来进行图纸文件的组织与制作，使设计文件能满足施工、招投标和工程预结算的要求。为方便施工人员施工、看图，分区图比例不宜超过 1：300，常用比例以 1：300、1：250、1：200为宜。

（3）植物种植形式的标注要从制图和方便角度出发，植物种植形式可分为点状种植、片状种植和草皮种植三种类型，可用不同的方法进行标注（图 7-4）。

①点状种植。点状种植有规则式与自由式种植两种。树木的位置可用树木平面图圆心或过圆心的

短十字线表示，植物图例不宜太过复杂。对于规则式的点状种植（如行道树阵列式种植等）可用尺寸标注出株行距，以及始末树种植点与参照物的距离。而对于自由式的点状种植（如孤植树），可用坐标标清楚种植点的位置或采用三角形标注法进行标注。点状种植植物往往对植物的造型形状、规格的要求较严格，应在施工图中表达清楚，除利用立面图、剖面图表示外，可用文字加以标注，与苗木表相结合，用DQ、DG加阿拉伯数字分别表示点状种植的乔木、灌木。

②片状种植。片状种植是指在特定边缘界限范围内成片种植乔木、灌木和草本植物（除草皮之外）的种植形式。对这种种植形式，施工图应绘出清晰的种植范围边界线，标注植物名称、规格、密度等。对于边缘线呈规则的几何形状的片状种植，可用尺寸标注方法标注，为施工放线提供依据，对边缘线呈不规则的自由线的片状种植，应绘方格网放线图。

③草皮种植。草皮是在上述两种种植形式的种植范围以外的绿化种植区域种植，图例是用打点的方法表示，标注应标明其草坪名及种植面积。

（4）对原有保留植物的位置、坐标要标注清楚，图纸上填充树与保留树的绘制要加以区别，以免产生视觉混乱和设计意图不清晰等问题。

（5）配合图纸的植物图例编号、数字编号等，在苗木表中要将植物名称标注清楚。另外，由于植物的商品名、中文名多重复率高，为避免在苗木购买时产生误解和混乱，还应相应地标注其拉丁名，以便识别。苗木表还应对植物的具体规格、用量、种植密度、造型要求等内容标注清楚（图7-5）。

图 7-4　某绿地植物造景施工放样定位图

景观大乔木用量统计表

序号	图例	中文名称	拉丁文名称	规格				单位	数量	类型	季相变化				备注
				高/m	冠幅/m	胸径/m	分枝点/m				春	夏	秋	冬	
1	(+1)	青扦云杉	Picea wilsonii Mast.	6.0～7.0	2.5～3.0			株	16	常绿乔木					无病虫害,生长旺盛,落地冠,冠形饱满,主干通直
2	(+5)	国槐	Sophora japonica Linn	6.0～7.0	4.0～4.5	8.0～10.0		株	10	落叶乔木		黄绿花			无病虫害,生长旺盛,冠形饱满,主干通直
3	*6	银杏	Ginkgo biloba	6.0～6.5	4.5～5.0	8.0～10.0		株	6	落叶乔木			黄叶		无病虫害,生长旺盛,冠形饱满,主干通直
4	(+4)	五角枫	Acer mono Maxim	7.0～8.0	4.0～4.5	10.0～12.0		株	11	落叶乔木			红叶		无病虫害,生长旺盛,冠形饱满,主干通直
5	(+2)	金丝垂柳	Salix X aureo-pendula.	7.0～8.0	4.0～4.5	10.0～12.0	2.0～2.3	株	19	落叶乔木	枝条黄色	枝条黄色	枝条黄色	枝条黄色	无病虫害,生长旺盛,冠形饱满,主干通直
6	(+3)	白蜡	Fraxinus chinensis Roxb	8.0～9.0	5.0～6.0	12.0～14.0		株	13	落叶乔木			黄叶		无病虫害,生长旺盛,冠形饱满,主干通直
7	(1*4)	紫叶稠李	Prunuswilsonii Prunusvirginianar	4.0～5.0	2.5～3.0	6.0～8.0		株	11	落叶乔木	绿叶	紫叶	紫叶		无病虫害,生长旺盛,冠形饱满,主干通直
8	*9	山杏	Prunns mandshurica	2.5～3.0	2.5～3.0	8.0～10.0 地		株	10	落叶乔木	粉花		金果		无病虫害,生长旺盛,冠形饱满
9	(1*3)	山楂	Crataegus pinnatifida	3.5～4.0	2.0～2.5	8.0～10.0 地		株	11	落叶乔木	白花		红果		无病虫害,生长旺盛,冠形饱满

灌木苗木表

序号	图例	中文名称	拉丁文名称	规格			单位	数量	类型	季相变化				备注
				高/m	冠幅/m	枝条树/条				春	夏	秋	冬	
1	(1+1)	金叶复叶槭	Acer negundo 'Aurea'	1.2～1.5	1.2～1.5		株	17	彩叶灌木	金叶	金叶	金叶		无病虫害,生长旺盛,冠形饱满
2	(1+0)	红叶李球	Prunus cerasifera Ehrhar f.	1.2～1.5	1.2～1.5		株	19	彩叶灌木	紫叶	紫叶	紫叶		无病虫害,生长旺盛,冠形饱满
3	(1+7)	红瑞木球	Swida alba Opiz	1.2～1.5	1.2～1.5		株	12	落叶灌木				枝条红色	无病虫害,生长旺盛,冠形饱满
4	18A	紫丁香球	Syringa oblata	1.2～1.5	1.2～1.5		株	13	落叶灌木	紫花				无病虫害,生长旺盛,冠形饱满
5	18B	紫丁香球	Syringa oblata	1.0～1.2	1.0～1.2		株	26	落叶灌木	紫花				无病虫害,生长旺盛,冠形饱满
6	19A	榆叶梅球	Amygdalus triloba	1.2～1.5	1.2～1.5		株	5	落叶灌木	粉花				无病虫害,生长旺盛,冠形饱满
7	19B	榆叶梅球	Amygdalus triloba	1.0～1.2	1.0～1.2		株	11	落叶灌木	粉花				无病虫害,生长旺盛,冠形饱满
8	(2+0)	桧柏球	S.chinensis（L.）Ant. （JuniperuschinensisL.）	0.8～1.0	0.8～1.0		株	34	常绿灌木					无病虫害,生长旺盛,冠形饱满
9	21A	水蜡球	Ligustrum obtusifolium 'Eylesier'	1.2～1.5	1.2～1.5		株	11	落叶灌木					无病虫害,生长旺盛,冠形饱满
10	21B	水蜡球	Ligustrum obtusifolium 'Eylesier'	1.0～1.2	1.0～1.2		株	23	落叶灌木					无病虫害,生长旺盛,冠形饱满
11	22A	金叶榆球	Ulmus pumila cv.jinye	1.2～1.5	1.2～1.5		株	6	彩叶灌木	金叶	金叶	金叶		无病虫害,生长旺盛,冠形饱满
12	22B	金叶榆球	Ulmus pumila cv.jinye	1.5～1.8	1.2～1.5		株	11	彩叶灌木	金叶	金叶	金叶		无病虫害,生长旺盛,冠形饱满
13	(2+4)	元宝枫球	Accr truncatum Bunge	1.0～1.2	1.0～1.2		株	20	落叶灌木			红叶		无病虫害,生长旺盛,冠形饱满

基础篇

实战篇

地被苗木表

序号	图例	中文名称	拉丁文名称	规格		面积/m²	备注
				高/m	冠幅/m		
1	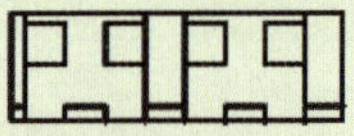	密枝红叶李	Prunuscerasiferavar.atropurpurea 'Russia'	0.6	0.30～0.35	11.8	9株/m²
2	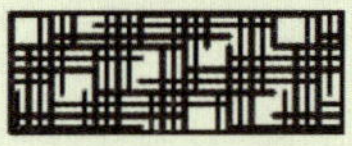	小叶丁香	Sytingamicrophylla	0.6	0.30～0.35	36.2	9株/m²
3	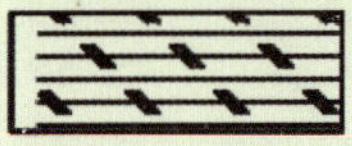	朝鲜黄杨	Bllxus microphyllavar.koreana	0.4	0.20～0.25	82	16株/m²
4	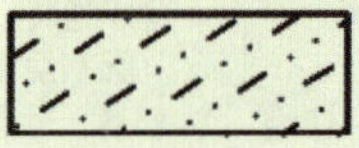	胶东卫矛	Euonymus kiautschovicus	0.6	0.30～0.35	15	9株/m²
5	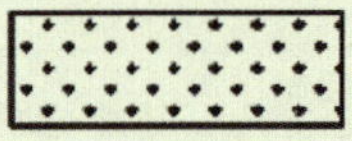	剪股颖草	Agrostis			4 060	

备注：1. 所有苗木均要求按设计规格购买，乔木要求高度相差不得超过1 m，主景乔木和孤植景观树均要求冠幅饱满，观赏价值高。

2. 乔木种植时，凡是植株胸径超过12 cm的建议使用机械作业，调整主要观赏面至人流集中方向，灌木种植时，保证不出现泥土裸露的情况，注意灌木和硬景铺装边沿的收边与衔接要清晰、自然，以上灌木高度指修剪之后高度。

图 7-5　某绿地植物造景苗木统计表

（二）绘制种植施工详图

植物造景施工平面图中的某些细部尺寸、材料和做法等需要用详图表示。不同胸径的树木需要带不同大小的土球，根据土球大小决定种植穴的尺寸、回填土的厚度、支撑固定桩的做法和树木的修剪等（图7-6）。在铺装地上种植树木时需要做详细的平面和剖面以表示树池或树坛的尺寸、材料、构造、排水等，说明种植某一植物的挖穴、覆土施肥、支撑等种植施工要求，图比例尺在1：20～1：50。

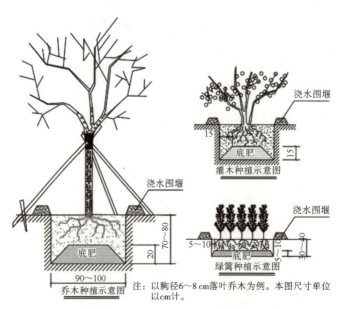

图 7-6　施工详图中乔、灌、绿篱种植示意图

五、设计后期服务阶段

施工图设计完成后，设计任务就完成了，但设计项目整个过程还没有完成，设计单位还要有后期服务工作，包括技术交底会议、现场服务、参加竣工会议、备案资料的签盖名章、设计回访和设计总结。

（一）技术交底会议

在技术交底会议上，设计方把设计的意图、注意点、难点、新工艺、关键部分、技术要求和规范详细向施工方交代。监理、施工方看图后提出所发现专业方面的问题，专业设计人员将现场答疑，因而设计方在交底会前要做足准备，会上要尽量结合设计图纸当场答复，现场不能回答的，待回去考虑后尽快做出回复。

（二）现场服务

合同中明确要设计驻地的，设计单位要派人参与施工全过程，协同施工方施工；不能驻地的，设计人员也要定期或不定期到现场观察，了解设计与现场的施工效果准确、合理与否，对施工方进行指导或进行设计调整。

（三）参加竣工会议

设计人员要参加甲方组织的工程竣工会议，在会议上设计方对工程是否符合设计意图、是否达到设计所预定的景观效果提出看法，并对现场施工存在的问题提出整改建议。

 知识拓展

一、园林植物的表现技法

1996 年 3 月起实施的《风景园林图例图示标准》对植物的平面及立面表现方法作了明确的规定和说明，设计师在图纸表现中应参照"标准"的要求和方法执行，并应根据植物的形态特征确定相应的植物图例或图示。

园林植物的表现可分为平面表现、立面表现和透视（立体）表现，其表现手法很多，表现风格变化很大，应根据具体情况而定，并注意平面图、立面图表现手法的一致。

（一）乔木的平面、立面表现

1. 乔木的平面表现

乔木的平面图就是树木树冠和树干的平面投影，最简单的表示方法就是以种植点为圆心，以树木冠幅为直径作圆，并通过数字、符号区分不同的植物，即乔木的平面图例。树木平面图例的表现方法有很多种，常用的有轮廓型、枝干型、枝叶型、质感型四种表现形式（图7-7）。

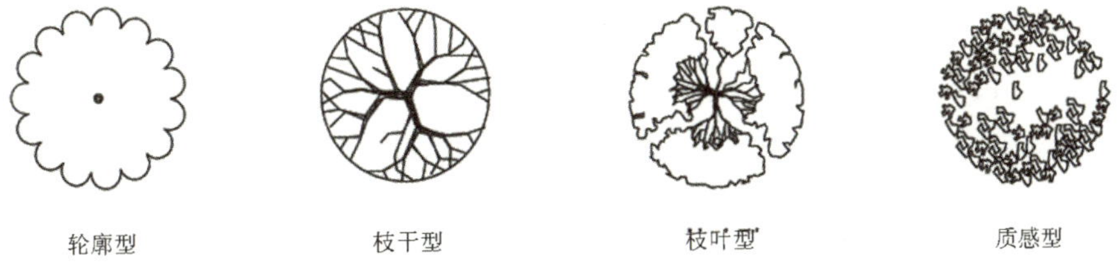

轮廓型　　　　枝干型　　　　枝叶型　　　　质感型

图 7-7　树木平面表现形式

（1）轮廓型：主要表现树木外轮廓，确定种植点，用线条勾画树木的平面投影的轮廓，可以用光滑的轮廓线、折线、带缺口的线及短直线等表示，图案简洁明快。

（2）枝干型：主要表现树干、枝的生长特点，多用短直线或弧线的组合表示，图案较复杂。

（3）枝叶型：画出树木的树干和枝条的水平投影，树干、树枝多用直线或弧线。冠叶部分可用轮廓型或质感型表现方法，图案能表现树木的枝叶质感和形象，较为复杂。

（4）质感型：主要表现树木枝叶的质感，可适当画出树木叶子的形状进行组合，也可只用叶子组合，其图案最复杂。

在绘制时为了方便识别与记忆，树木的平面图例最好与其形态特征相一致，尤其是针叶树种与阔叶树种应加以区分，如图7-8所示。

针叶树　　　　　　　　　　　阔叶树

图 7-8　针叶树与阔叶树表现示例

2. 乔木的立面表现

乔木的立面表现就是乔木的正立面或侧立面投影（图7-9）。

图 7-9　乔木的立面表现示例

（二）灌木的平面、立面表现

1. 灌木的平面表现

灌木没有明显的主干，成丛生长，所以平面形状曲直多变。灌木的平面表现方法：通常修剪规整的灌木用斜线或弧线交叉表示，不规则形状的灌木平面用轮廓型和质感型表示，绘制时以栽植范围为准（图7-10）。

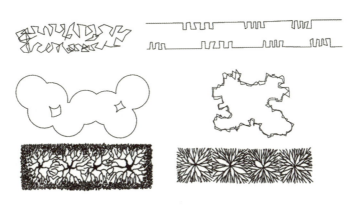

图 7-10　灌木平面表现示例

2. 灌木的立面表现

灌木的立面表现方法与乔木相同，只不过灌木一般无主干，分枝点较低，体量较小，绘制时应抓住其特点加以描绘（图 7-11）。

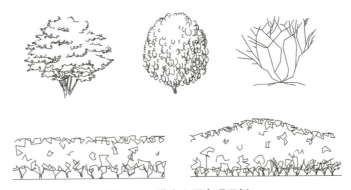

图 7-11　灌木立面表现示例

（三）草坪的表现

在园林景观中草坪作为景观基地占有很大的面积，在绘制表现时草坪常用的表现方法有打点法和线段排列法（图 7-12）。

（1）打点法。打点法是草坪最为常用的表现手法，利用小圆点表现草坪，并通过圆点的疏密变化表现明暗或凹凸效果，在道路、建筑物、树木、水体等边缘，圆点要适当加密，以增强图面的立体感和装饰效果。

（2）线段排列法。线段排列要整齐，行间可以有重叠，也可以留有空白，当然，也可以用无规律排列的小短线或线段表示，这一方法常用于表现管理粗放的草地或草场。

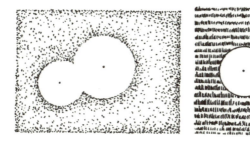

图 7-12　草坪平面表现示例

提升训练

➤ 训练任务及要求

（1）训练任务。图7-13和表7-6所示为某校园前庭植物造景的平面图及其植物材料表，根据植物造景平面图的制图规范与图面要求，参照植物造景平面图的绘图步骤，用计算机或手绘的形式临摹该校园前庭植物造景平面图。

（2）任务要求。

①以组为单位，共同协作，完成图纸绘制。

②每人提交一份图纸。

③全员参与，组员轮流汇总制作PPT，以组为单位展示作业成果。

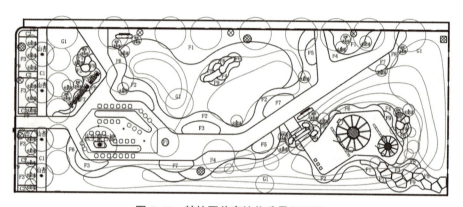

图 7-13　某校园前庭植物造景平面图

表 7-6　某校园前庭植物造景素材表

点状种植乔木							
序号	图例	植物名称	学名	设计规格			数量/株	备注

序号	图例	植物名称	学名	株高/m	冠幅/m	胸径/cm	数量/株	备注
1	丛生蒙古栎	丛生蒙古栎	Quercus mongolica Fisch.ex Ledeb.	5.0～6.0	4.5～5.0	每分枝8～10	1	丛生，5分枝以上，树形优美，树冠丰满，全冠栽植
2	山杏	山杏	Prunus sibirica.L.	3.0～4.0	3.0～3.5	10～12	7	分枝点≤1.0 m，树形优美，树冠丰满，全冠栽植

点状种植灌木							

序号	图例	植物名称	学名	株高/m	冠幅/m	胸径/cm	数量/株	备注
1	水蜡球 +	水蜡球	Ligustrum obtusifolium	1.5	1.5	—	38	实生球，非组球，树形丰满，不偏冠，精修剪
2	朝鲜黄杨球 +	朝鲜黄杨球	Buxus sinica var. insularis	1.2	1.2	—	18	实生球，非组球，树形丰满，不偏冠，精修剪

				设计规格				
序号	图例	植物名称	学名	株高/m	冠幅/m	密度（株/m²）	面积/m²	备注

片状种植灌木

序号	图例	植物名称	学名	株高/m	冠幅/m	密度（株/m²）	面积/m²	备注
1	C1	金叶榆	Ulmus pumila 'Jinye'	修剪后60	25	36	38	密植，修剪整齐，满栽不露土
2	C2	朝鲜黄杨	Buxus sinica var. insularis	修剪后30	25	49	26	密植，修剪整齐，满栽不露土

花卉草坪

序号	图例	植物名称	学名	株高/m	冠幅/m	密度（株/m²）	面积/m²	备注
1	F1	花叶玉簪	Hosta undulata Bailey	20	20	64	145	满栽不露土
2	F2	兰花鼠尾草	Salvia farinacea Benth	25	20	64	110	满栽不露土
3	F3	宿根福禄考	Phlox paniculata L.	20	15	64	98	满栽不露土
4	F4	落新妇	Astilhe chinensis	25	20	64	84	满栽不露土
5	F5	荷包牡丹	Lamprocapnos spectabilis	20	20	64	40	满栽不露土
6	F6	常夏石竹	Dianthus plumarius	25	20	64	119	满栽不露土
7	F7	荷兰菊	Aster novi-belgii	20	15	64	58	满栽不露土
8	F8	大花萱草	Hemerocallis hybrida Bergmans	20	20	64	48	满栽不露土
9	F9	马兰	Iris lactea Pall	20	15	64	41	满栽不露土
10	F10	麦冬	Ophiopogon japonicus	出圃高度 $h \geqslant 20$ cm			1 084	满栽不露土

考核评价

考核评价表

评价类别	评价内容		学生自评（20%）	组内互评（40%）	教师评价（40%）
过程考核（50分）	专业能力（40分）	图纸绘制规范性（10分）			
		图纸绘制步骤（10分）			
		图纸表现能力（20分）			
	职业素养（10分）	工作态度（5分）			
		团队协作（5分）			
成果考核（50分）	作品的表现效果（20分）				
	作品的完整性（20分）				
	PPT制作精美、高雅（10分）				
总评				总分	
	班级		第 组	姓名	

任务八 城市道路绿地的植物造景

城市道路绿地的植物造景
- 工作任务
  - 任务提出
  - 任务分析
  - 任务要求
  - 材料和工具
- 知识准备
  - 城市道路绿地植物造景的作用
    - 提高交通效率，保障交通安全
    - 改善道路上的生态环境，减少污染
    - 美化城市街景
  - 城市道路绿地植物造景原则
    - 交通安全原则
    - 功能性原则
    - 生态性原则
    - 地域性原则
    - 植物配置原则
  - 城市道路绿地的类型与布置形式
    - 城市道路的类型
    - 城市道路绿地的断面布置形式
  - 城市道路绿地植物材料选择
    - 乔木的选择
    - 灌木的选择
    - 地被植物的选择
    - 草本花卉的选择
  - 城市道路绿地植物造景要点
    - 行道权绿化带植物造景
    - 分车绿化带植物造景
    - 路侧绿化带植物造景
    - 交通岛绿地植物造景
- 任务实施
  - 项目简介
  - 设计理念
  - 图纸方案部分
- 知识拓展
  - 城市步行街植物造景
    - 城市步行街的概念和特点
    - 城市步行街的分类
    - 城市步行街的植物造景原则
    - 城市步行街中的植物造景方法
  - 高速公路植物造景
    - 高速公路植物景观作用
    - 高速公路植物景观原则
    - 高速公路植物景观设计原理
- 提升训练
  - 训练任务及要求
  - 考核评价

学习目标

➤ 知识目标

（1）了解城市道路绿地植物造景的作用；

（2）清楚城市道路绿地的布置形式与植物材料选择；

（3）掌握城市道路绿地植物造景原则；

（4）掌握城市道路绿地中各类绿化带的植物造景要点。

➤ 技能目标

（1）能够厘清城市道路绿地植物造景的基本程序和方法；

（2）能够根据设计要求合理地进行城市道路各类绿地植物造景；

（3）能够识读并规范绘制城市道路绿地植物造景图纸。

➤ 素质目标

（1）全面系统地了解我国城市道路绿地的发展，提升园林基本知识方面的素养；

（2）充分学习城市道路绿地的设计案例，掌握各地区常用行道树品种，践行生态文化思想；

（3）培养热爱生态、热爱祖国园林文化的情感，增强文化自信。

工作任务

● 任务提出

图 8-1 为张家口中央景观大道中段景观设计平面图，该路段标准段长为 320 m，为四板五带式，其中机动车道单侧宽 15 m，非机动车道单侧宽 7.5 m，人行道单侧宽 5 m，路侧绿化带单侧宽 62.5 m。项目定位为新城最为重要的城市中心景观大道。设计范围内场地现状：以农田为主，两侧有几处村庄，场地地势较为平坦。要求根据城市道路绿地植物造景的原则和造景要点，结合该城市道路具体情况开展植物造景，完成该标准段的道路绿地植物景观设计。

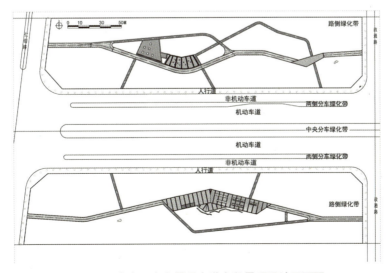

图 8-1　张家口中央景观大道中段景观设计平面图

● **任务分析**

该城市历史文化内涵丰富，中央景观大道作为其重要的景观道路，设计时可以考虑花的海洋和公园化道路的特色。总体上将道路绿地作为开放式带状公园来设计，为周边居民提供一处游憩和感受现代气息的城市景观道。该城市道路标准段的绿地设计内容由人行道绿化带、路侧绿化带、中央及两侧分车绿化带的植物景观设计组成。植物造景应根据城市道路绿地植物造景原则和植物材料选择方法，考虑不同道路绿化带类型对植物景观的需求，选择合适的植物品种和植物配置形式来进行植物种植设计。

● **任务要求**

（1）考虑人行道绿化带、路侧绿化带、中央及两侧分车绿化带等对植物景观的不同需求。

（2）植物品种的选择应满足不同类型道路绿化带不同区域对景观的功能需求。

（3）植物景观配置形式合理，灵活运用自然式和规则式的种植形式。

（4）图纸绘制规范，完成城市道路绿地植物种植设计平面图1张。

● **材料和工具**

（1）手工绘图材料与工具：丁字尺、比例尺、三角板、绘图纸、模板工具等。

（2）计算机绘图工具：AutoCAD 绘图软件和 Photoshop 绘图软件。

知识准备

城市道路绿地植物造景是指道路两侧、中心环岛、立交桥四周的植物种植，即乔、灌、地被和草坪科学合理搭配，创造出优美的街道景观。城市道路绿化一定程度上体现了一个城市的精神面貌和经济文化水平。

一、城市道路绿地植物造景的作用

（一）提高交通效率，保障交通安全

合理的植物造景可以有效地协助组织车流、人流集散，保障交通运输的通畅。司机在长期驾驶过程中，会对城市枯燥乏味的硬质景观产生视觉疲劳，因而易引发交通事故；而植物材料本身具有形态美、色彩美、季相美等特点，艺术地运用这些特性来进行植物景观设计，就能创造出美丽的自然景观。它不仅能表现平面、立体的美感，还能表现运动中的美感，能有效地缓解司机的不良反应，提高交通效率。

（二）改善道路上的生态环境，减少污染

城市道路上汽车的尾气、噪声及烟尘对城市环境的污染相当严重，而植物材料可以在一定程度上降低这些污染，达到净化空气、改善城市生态环境的目的。另外，植物可以遮阴降暑，在炎炎夏季，如果走在绿树成荫的人行道上，行人会相当轻松惬意。

（三）美化城市街景

将植物材料通过变化和统一、平衡和协调、韵律和节奏等配置原则进行配置后，会产生美的艺术、美的景观（图8-2）。花开花落，树影婆娑，与呈几何图形的临街建筑物产生动与静的统一，它既可丰富建筑物的轮廓线，又可遮挡有碍观瞻的景象。因而，道路的景观是体现城市风貌特色最直接

的一面。如果能和周围的环境相结合，选择富有特色的树种来布置，则可尽显街道的个性，如青岛大学路配置法国梧桐作为行道树，以此凸显大学路的红墙，成为让人印象深刻的特色街道（图8-3）。

图8-2　上海道路边立体花坛

图8-3　青岛大学路行道树

二、城市道路绿地植物造景原则

（一）交通安全原则

道路绿地植物造景首先要遵循交通安全原则，保证行人与行车安全，需要考虑行车视线、行车净空和行车防眩光三个方面的要求。道路中的交叉口、弯道、分车带等的植物景观要符合行车视线的要求，如在交叉口设计植物景观时应留出足够的透视线，以免相向往来的车辆发生碰撞；在弯道外侧的树木应沿边缘整齐、连续栽植，预告道路线形变化，引导驾驶员行车视线。植物造景时各种植物的枝干、树冠、根系都不能侵入根据车辆行驶宽度和高度的要求规定的车辆运行空间，以保证行车净空的要求。分车绿带上的乔灌木和绿篱要比驾驶员眼睛与车灯高度的平均值高，一般采用 1.5～2 m 的高度，可以有效防止相向行驶车辆的灯光照到对方驾驶员的眼睛而引起其目眩，从而避免或减少交通意外。

（二）功能性原则

道路绿地植物造景要求与城市道路的性质、功能相适应，不同性质和级别的城市道路，其功能侧重、服务对象有所不同，植物造景形式也要相应变化。例如，快速路和城市主干道车流量大、车速快，植物景观应以有效组织交通、确保交通安全为首要功能；而商业街、步行街的绿化则应能反映城市风貌、美化街区环境、服务居民生活，其植物造景手法与前者有着较大差异。道路绿地植物景观应与地形、沿街建筑和街景等紧密结合，使道路与城市自然景观、历史人文景观和现代建筑景观有机地联系在一起，把道路与环境作为一个整体加以考虑并做出一体化的景观设计。

植物造景主要起到分隔空间、防护和屏蔽外界干扰的功能。道路绿地植物景观可对道路空间进行虚实结合的分割，随着四季的变换使道路呈现出不同的空间感。同时，植物景观可以美化道路的周边环境，绿化隔离带可以防护周边地区居民的安全，屏蔽噪声干扰，有利于保证行车安全。

（三）生态性原则

城市道路车流与人流量大，交通污染严重。城市道路绿地犹如天然过滤器，具有滞尘和净化空气、增加空气湿度、遮阴降温、吸收有害气体等功能。因此，道路绿地植物造景应充分发挥植物的生态功能，综合利用能吸收空气中有害元素的植物品种，提高城市空气质量，美化城市环境。

（四）地域性原则

在进行城市道路绿地植物造景时，要根据本地气候和环境条件选择植物，做到适地适树，创造地方道路特点。同时，应考虑民族性与地域性的不同，利用乡土植物体现地方特色，突出城市独特性，营造由地方特色植物材料组成的独具当地特色的植物景观，避免千城一面。

（五）植物配置原则

道路绿地植物造景要遵循植物配置原则，结合道路的功能、类型及周围的环境等条件综合考虑。根据地方环境的具体情况，合理搭配植物景观，使其发挥出植物最佳的生态功能与景观效果。

首先，植物造景应形式多样，善于利用多种植物材料，近期与远期规划相结合，如乔灌草相结合，常绿与落叶相结合，速生与慢生相结合，营建多层次、长久性的景观，满足短期和远期植物景观效果。其次，在植物的搭配上，要以完善道路绿地的实用功能为基础，大胆创新，树种要丰富多彩。最后，在种植设计中，要充分考虑到绿地植物与地下构筑物及附属设施的关系，准确把握好各种管线的分布、铺设的深度。另外，还要分析其他景观小品，然后选择合适的植物材料与之配置，以达到整体景观的和谐。

三、城市道路绿地的类型与布置形式

（一）城市道路的类型

现行的城市道路交通规划设计规范将城市道路分为主干道、次干道、支路和快速路四类。

1. 主干道

主干道是以交通功能为主的城市道路，起联系各主要功能区的作用，是城市道路系统的骨架，是城市各区之间的常规中速交通道路。主干道宽度可达 40 m 以上，车速为 40 ～ 60 km/h，一般为六车道，机动车和非机动车有分车带隔开，道路两侧有种植带。

2. 次干道

次干道是城市区域性的交通干道，为区域交通集散服务，兼有服务功能，配合主干路组成道路网，起到广泛连接城市各部分与集散交通的作用。次干道宽度为 20 ～ 30 m，设计车速为 25 ～ 40 km/h，一般为四车道。

3. 支路

支路是连接次干道与居住区、工业区、交通设施等内部的道路，主要解决地区交通，可直接与建筑出入口相连接，以服务功能为主。

4. 快速路

快速路是解决城市长距离、快速交通要求的主要道路，完全为交通功能服务。快速路进出口应采用全控制或部分控制方式。快速路一般为四车道以上，设有中央分隔带，全部或部分采用立体交叉，与次干路可采用平面交叉，与支路不能直接交叉。快速路设计车行速度为 60 ～ 80 km/h。

（二）城市道路绿地的断面布置形式

城市道路绿地的断面布置形式随着地理位置、环境条件、道路宽窄、用地面积的差异及道路交通功能情况而变化，其形式也是多种多样的。常用的城市道路断面布置形式有一板两带式、两板三带式、三板四带式、四板五带式等（图 8-4）。

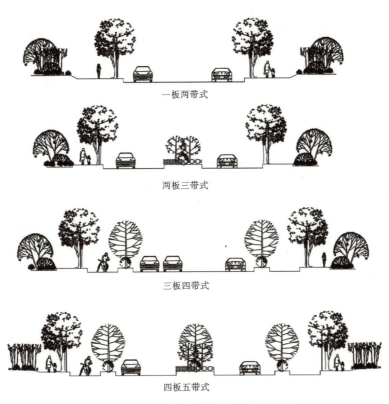

一板两带式

两板三带式

三板四带式

四板五带式

图 8-4　城市道路绿地的断面布置形式

1. 一板两带式

这是道路绿化中最常用的一种形式，其中，"带"指绿化带，"板"指车行道。一板两带式是指一条车行道，旁边有两条绿化带，即把高大的行道树布置在道路两侧人行道上，行列式栽植。一板两带式适合车流量不大的次干道、城市支路和居住区道路。这种形式操作简单、用地经济、管理方便，但由于对车行道没有进行分隔，不利于机动车辆与非机动车辆混合行驶时的交通管理，同时，在车行道过宽的街道旁行道树遮阴效果较差，景观相对单一。

2. 两板三带式

两板三带式是指两条车行道、三条绿化带，即中间用一条分车绿化带将上下行车道分隔，并在道路两侧绿化带上布置行道树。中间的分车绿化带，主要功能是分割上下行车辆，一般宽 1.5 ~ 3 m，常用常绿小灌木及草坪，以不阻挡驾驶员的视线为宜；其外两侧绿化带可种单行或双行的乔木或花灌木。这种形式适用于宽阔道路，可将不同行驶方向的车辆分开，用地经济，绿化带较多，生态效益较显著，多用于入城道路和高速公路。

3. 三板四带式

三板四带式是指三条车行道、四条绿化带，即用两条分车绿化带将车行道分成三条，中间为机动车行驶的快车道，两侧为非机动车行驶的慢车道，分车绿化带和人行道两侧的行道树共有四条绿化带（图 8-5）。这种形式占地面积较大，不太经济，但绿化面积大，夏季遮阴效果和街道景观效果好，同时能有效地组织交通，安全可靠，可解决机动车与非机动车混行的矛盾。这种形式多用于城市主干道或非机动车多的路段。

4. 四板五带式

四板五带式是指四条车行道、五条绿化带，即用三条分车绿化带将车道分为四条，将车行道分为上下行的双向快车道（图 8-6）。如果道路面积不宜布置成五带，也可用栏杆进行分隔，以节约用地。

基础篇

实战篇

这种形式有利于组织交通，提高车速，保障安全；但用地面积较大，多用于车辆较多的城市主干道或城市环路系统。

图8-5　三板四带式

图8-6　四板五带式

5.其他形式

随着城市的发展扩大，部分城市道路已不能适应车辆日益增多的局面，不少城市将原有的双向车道改造成单行道，这就改变了传统的道路划分方式。有的街道狭窄，交通量又大，且道路一侧为主要商铺，只能在另一侧和中间分车带布置绿化植物而变成两板两带式。

四、城市道路绿地植物材料选择

由于城市道路立地条件的特殊性，城市道路绿地植物造景的关键在于绿化植物材料的选择。要根据环境特点，选择适应城市生态环境、生长健壮且迅速地植物，以乡土树种为主，体现城市地域特色。结合城市景观要求，可优先选择市花市树及骨干树种，同时，注意选择一些抗性较强、能净化空气的品种。植物配置以乔木为主，乔灌草搭配，营造景观效果好的植物群落。

（一）乔木的选择

乔木是城市道路绿化的重要植物材料，主要作为行道树布置在绿化带中，主要作用是为行人遮阴、美化街景。乔木的选择应符合以下要求：

（1）管理粗放，对土壤、水分、肥料要求不高，抗性强，病虫害少，寿命长；有一定耐污染、抗烟尘的能力。

（2）株形整齐，姿态优美，有较高的观赏价值，最好是可观花或有秋色叶变化的品种。

（3）树木展叶早，落叶晚，花果枝叶无毒，无黏液，无不良气味，不飞絮，落果不致伤人，落叶时间较为集中，便于清扫。

（4）行道树冠大荫浓，主干端直，分枝点足够高，不能妨碍车辆、行人安全行驶。植株耐修剪整形，可控制其生长高度，不影响空中电缆电线。

（5）繁殖容易，种苗来源丰富，适宜大树移植，不易倒伏。

常用的行道树有悬铃木（图8-7）、银杏、国槐、银白杨、合欢、梧桐、栾树、白蜡、垂柳、旱柳、白榆、柿树、樟树（图8-8）、广玉兰、榉树、七叶树、重阳木、小叶榕、凤凰木、相思树、洋紫荆、木棉、蒲葵、大王椰子等。东北地区常用行道树有悬铃木、国槐、白蜡、复叶槭、合欢、毛白杨、栾树、银杏、白榆、白玉兰、元宝槭等。

图 8-7　悬铃木行道树　　　　　　　　　　图 8-8　香樟行道树

（二）灌木的选择

灌木多应用于分车绿化带或人行道绿化带，多与乔木组合成景，可遮挡视线、减弱噪声等。灌木的选择应符合如下要求：

（1）花繁叶茂，株形优美，可观花或彩色叶，生长健壮。

（2）植株无刺或少刺，萌蘖性强，耐修剪，可控制其树形和高度，防止萌蘖枝过长妨碍交通。

（3）繁殖容易，易于管理，能耐灰尘和路面辐射，冬季耐寒、耐融雪剂。

常用的灌木有大叶黄杨、金叶女贞、金叶榆、紫叶小檗（图 8-9）、水蜡、榆叶梅、月季、紫薇（图 8-10）、丁香、紫荆、连翘等。

图 8-9　分车绿化带中紫叶小檗与大叶黄杨篱　　　图 8-10　分车绿化带中大叶黄杨与紫薇

（三）地被植物的选择

城市道路绿化的地被植物多以冷季型草坪为主，可以根据不同的气候、温度、湿度、土壤等条件选择不同的草坪草种。低矮的花灌木也可作地被应用，东北地区常用的有大叶黄杨、红瑞木、金山绣线菊、金焰绣线菊、风箱果等。

（四）草本花卉的选择

城市道路绿化以宿根花卉为主，便于维护管理，在重点位置也可合理配置球根花卉和一二年生草本花卉，但不宜多用。

五、城市道路绿地植物造景要点

（一）行道树绿化带植物造景

行道树绿化带是指布置在人行道与车行道之间，以种植行道树为主，结合灌木、地被形成的绿带。按一定的方式种植在道路两侧，形成浓荫的乔木，称为行道树。行道树绿化带布置形式多为对称式，道路两侧绿化带宽度相同，植物品种、配置方式和株距均相同。

行道树绿化带的宽度一般为 1.5 m 以上，这是为了满足树木最低生长要求，保证树木能有一定的营养面积。在道路较宽的情况下，也可以设置宽 2～5 m 的绿化带，植物配置乔灌结合，点缀花灌木和彩叶树，辅以四季花草，也可搭配座椅、雕塑、游步道等，使街道环境更加丰富多彩。

1.行道树的种植形式

（1）树池式。在交通量大、行人较多而人行道又窄的路段，行道树种植宜采用树池式。树池之外的地面硬质铺装。树池可设计成正方形、长方形或圆形等，正方形边长 1.5 m 较合适（图 8-11），长方形以长 2 m、宽 1.2 m 为宜，圆形树池以直径不小于 1.5 m 为佳。多雨地区的树池边缘一般高出人行道 8～10 cm，以防行人踩踏，并防止雨水流入树池。但在干燥地区树池边缘略低于路面，便于雨水流入，保持一定湿度，并在树池上方设置由预制混凝土、铸铁、玻璃钢等材质制成的镂空池盖，与路面同高。树池式种植的缺点是地面营养面积小，不便于松土施肥与管理。

（2）树带式。人行道有足够的宽度时，在人行道和车行道之间留出一条不小于 1.5 m 宽的种植绿带（图 8-12），可由乔木搭配灌木及草本植物，形成带式狭长的不间断绿化，栽植的形式可分为规则式、自然式与混合式。其具体的栽植方式要根据交通的要求和道路的具体情况而定，常见形式有乔木搭配草坪，乔木为单一树种或不同树种间植，不同树种结合方式多样：可将常绿与落叶结合，速生与慢生结合；乔木搭配常绿灌木篱，乔木、灌木按照固定间隔排列，灌木修剪整形保持一定高度与形状，体现整齐划一的美感；乔灌草相结合，可形成上层乔木、中层灌木、绿篱，下层花卉草坪的植物组团。

当人行道的宽度在 2.5～3.5 m 时，首先要考虑行人的步行要求，原则上不设连续的长条状绿化带，这时应以树池式种植方式为主。当人行道的宽度在 3.5～5 m 时，可设置带状的绿化带，起到分隔、护栏的作用，但每隔 15 m 左右，应设置供行人出入人行道的通道门及公交车的停靠站台，一般配以硬质地面铺装。

图 8-11　行道树树池种植形式

图 8-12　行道树树带种植形式

2.行道树的基本要求

（1）株行距。行道树株行一般按照植物的规格、生长速度、交通和市容市貌需要而定。最小种植株距为 4 m，一般高大乔木可采用 5 ～ 8 m，以保证必要的营养面积，使其正常生长，总的原则是以成年后树冠能形成较好的郁闭效果为准，同时便于消防、急救、抢险等车辆在必要时穿行。设计种植树木规格较小而又需在较短时间内形成遮阳效果时，可缩小株距，一般为 2.5 ～ 3 m，等树冠长大后再行间伐，最后定植株距为 5 ～ 6 m，小乔木可为 4 m。

（2）树干高度。行道树的定干高度主要考虑交通的需要，也要视其功能要求、交通状况、道路的性质、道路的宽度、行道树距车行道距离而定。一般胸径以 12 ～ 15 cm 为宜；树干分枝角度大的，干高不小于 3.5 m；分枝角度小者，干高不能小于 2 m，否则影响交通。

（3）修剪及树形控制。行道树要求树冠开阔，枝条伸展，枝叶紧密。行道树冠形可依栽植地点的架空线路及交通状况而定。主干道及一般干道上，采用规则型树干，修剪成杯状、心形等形状；在无机动车辆同行的道路或狭窄的巷道内，可采用自然式树冠。树干中心至路缘外侧不得小于 0.75 m，以利于为行人、车辆遮阴。

（二）分车绿化带植物造景

分车绿化带是指车行道之间可以绿化的分隔带。位于上下行机动车道之间的分车绿化带为中央分车绿化带（图 8-13）；位于机动车道与非机动车道之间或同方向机动车道之间的为两侧分车绿化带（图 8-14）。在现代城市道路绿化中，分车绿化带起到分隔车流、疏导交通和安全隔离的作用。分车绿化带的最小宽度不宜小于 1.5 m，植物造景一般采用多层次栽植方式，配置形式简洁，树形整齐，排列一致，要保证起到良好的分隔交通、组织交通与保障安全的作用。

图 8-13　中央分车绿化带

图 8-14　两侧分车绿化带

（1）中央分车绿化带要比相邻机动车道路面高 0.5 ～ 1.5 m，这样可以有效阻挡相向行驶车辆的眩光。植物的树冠应常年枝叶茂密，其株距不得大于冠幅的 5 倍，在距机动车路面 0.9 ～ 3 m 的范围内，树冠不能遮挡司机视线。中央分车带一般宽度较大，而且经常作为城市道路景观中的重点来处理，因此在设计时应突出景观性。

（2）两侧分车绿化带宽度大于或等于 1.5 m，应以种植乔木为主，并宜乔木、灌木、地被植物相结合，但道路两侧乔木树冠不宜在机动车道上方搭接。分车绿化带宽度小于 1.5 m，应以种植灌木为主，并应将灌木与地被植物相结合（图 8-15）。两侧分车带的主要作用是分隔非机动车道和机动车道，为了安全必须保证视线的通透，多采用灌木拼图形成完整的图案。

（3）分车绿化带植物景观属于动态景观，要在形式上整齐一致，简洁有序。植物设计不宜过分华丽和复杂，在设计时常用简单的图案或利用数字来表达设计主题。同时，为了便于行人过街及车辆转向和停靠，分车绿化带必须适当分段，分段尽量与人行横道、大型公共建筑出入口相结合，一般以 75～100 m 为宜。被人行横道或道路出入口断开的分车绿化带，其端部应采取通透式配置，也可巧妙地运用花箱花钵来营造景观，不遮挡司机视线（图 8-16）。

图 8-15　两侧分车绿化带乔灌木景观

图 8-16　路口处花箱植物景观

（三）路侧绿化带植物造景

路侧绿化带是城市道路绿地的重要组成部分，是指位于道路侧方，布置在人行道边缘至道路红线之间的绿带，在街道绿化中占有较大的比例（图 8-17、图 8-18）。路侧绿化带与沿路的用地性质、建筑物关系密切，要根据周边环境及景观要求来进行植物造景。

图 8-17　路侧绿化带植物景观效果图

图 8-18　路侧绿化带植物景观实景图

1. 路侧绿化带的主要类型

（1）建筑物与道路红线重合，路侧绿化带毗邻建筑布设，即形成建筑物的基础绿化带。

（2）建筑退让红线后留出人行道，路侧绿化带位于两条人行道之间。

（3）建筑退让红线后，在道路红线外侧留出绿地，路侧绿化带与道路红线外侧绿化带结合。

2. 路侧绿化带植物造景

（1）道路红线与建筑线重合的路侧绿带植物造景。这类绿带的主要作用是保护建筑内部环境，使人的活动不受外界干扰。因此，植物造景不能影响建筑物的采光和排风，要利用植物的色彩、质感美化建筑物，并与建筑的立面设计形式结合起来，在视觉上要有所对比。综合考虑绿化带与周边环境的关系，绿化带要有坡度设计，以利于排水，植物配置要保证植物与建筑物的最小距离，保证建筑内的采光和通风。路侧绿化带较窄或地下管线较多，可用攀缘植物进行墙面的绿化；路侧绿化带较宽，可以攀缘植物为背景，前面适当配置花灌木、宿根花卉、草坪等，也可将路侧绿化带布置为花坛。

（2）路侧绿化带位于两条人行道之间的植物造景。这类绿地可采用简洁的种植方式，如种植两行遮阴乔木，给行人良好的蔽护作用；也可以常绿树、花灌木、绿篱、草坪及地被植物来衬托建筑，突出建筑风格与特点；还可将植物配置成花境，用持续的、有规律的花坛组来美化这一地段。

（3）路侧绿化带与道路红线外侧绿地结合。由于绿带的宽度有所增加，造景形式也更为丰富，一般宽度达到 8 m 就可设计为开放式绿地。另外，也可与靠街建筑的宅旁绿地、公共建筑前的绿地等相连，统一造景，营造街边游园（图 8-19）。若路侧绿化带濒临河流、湖泊等水体时，可结合水面与岸线地形设计成滨水绿地（图 8-20）。

图 8-19　路侧绿化带街边游园

图 8-20　路侧绿化带滨水绿地

（四）交通岛绿地植物造景

交通岛设置在道路交叉口，用于组织环形交通，在城市道路中主要起疏导与指挥交通的作用。交通岛一般为圆形，用混凝土或砖石围砌，高出路面 10 cm 以上。大中城市圆形交通岛一般直径为 40 ～ 60 m，城镇的交通岛直径不小于 20 m。交通岛绿地是指可绿化的交通岛用地，交通岛绿地分为中心岛绿地、方向岛绿地和立体交叉绿地。交通岛周围的植物造景要保证植物景观的通透性并增强对车流的导向作用。

1. 中心岛绿地

中心岛绿地是指位于交叉路口可绿化的中心岛用地，位置居中，人流、车流量大，因此中心岛绿地不宜密植乔木或大灌木，应保持各路口之间的行车视线通透。中心岛绿地一般不允许游人进入，植物造景常以草坪、花卉为主，或搭配不同色彩的低矮常绿树、花灌木和草坪组成简单纹样的模纹花坛。同时，中心岛绿地也是城市的主要景点，根据实际情况可结合雕塑、市标、组合灯柱、立体花坛、花台等成为城市景点，但其体量、高度上要加以控制，不能遮挡视线。

2. 方向岛绿地

方向岛绿地是位于交叉路口可绿化的方向岛用地，也可称为交叉路口绿地，包含道路转角处的行道树与交通岛。为了保证交叉口行车安全，使司机能及时看到车辆的行驶情况和交通信号，在道路交叉口必须为司机留出一定的安全距离，使司机在这段距离内能看到对面开来的车辆，并有充分刹车和停车的时间，以免发生事故。在安全视距范围内，不宜设置过多有碍视线的物体。交叉路口绿地植物一般选用低矮灌木和地被植物，也可适当设置园林小品与景石作为点缀，如有行道树，则株距在 6 m 以上，干高在 2.5 m 以上，以免阻碍行车视线。

3. 立体交叉绿地

立体交叉路口常出现于城市两条高等级的道路相交处或高等级道路跨越低等级道路处，也可能是高速公路入口处。为了保证车辆安全和保持规定的转弯半径，匝道和主次干道之间形成了几块面积较大的空地作为绿化用地，称为绿岛。从立体交叉的外围到建筑红线的整个地段，除用于市政设施外，都应该充分进行绿化，这些绿地可称为外围绿地（图8-21）。

植物造景应与立体交叉的交通功能紧密结合，要有足够的安全视距空间，并且突出各种交通标志，通过植物的栽植来产生方向诱导，强调线性变化的

图8-21 立体交叉绿地植物景观

作用，保证行车安全。立体交叉路口的种植设计形式应与邻近城市道路的绿化风格相协调，但又应各有特色，形成不同的景观特质，以产生一定的识别性和地区性标志。立体交叉绿地布置应简洁明快，以大色块、大图案营造出大气势，满足移动视觉的欣赏。

 **任务实施**

一、任务简介

张家口新城中央景观大道总长度为7千米左右，是新城的中央景观大道。道路两侧用地以行政办公、商务商业、文化设施、居住等用地性质为主。中央景观大道为交通性干路，承载着交通与景观双重功能，是新城的门户形象。道路从中心向两侧为中央绿化隔离带12 m、单向四车机动车道15 m、绿化隔离带4 m、非机动车道7.5 m、人行道5 m、景观绿化带62.5 m，本次设计标准段为320 m。其场地以农田为主，夹杂少量杨树、柳树，植物品种较为单一。

二、设计理念

通过对场地现状条件、规划定位和地域文化的综合分析得出，中央景观大道作为新城最为重要的城市中心景观大道，应满足下列四项要求：①交通——市政交通和绿地交通的安全、便捷与视线的变化；②生态——满足生态城市建设的要求，做到生态效益最大化；③景观——打造富有特色的景观，给人美好的感受；④文化——展示地域文化，带来人文活力。中央景观大道的设计主题为树林草原之美，文化活力动线。植物造景方面以草原为基底，以树林构架空间。张家口新城中央景观大道，以草原地形为基底，引入坝上草原的自然风光，大面积种植野花、野草等适应性强的植物品种，打造疏朗、自然的城市开敞空间，成为新城的一大景观特色。野花、野草采用粗放式管理，降低维护成本。树林是大自然与城市中不可缺少的成员之一，是鸟类栖息的地方，是空气的净化器、噪声的隔离器。中央景观大道通过乔木的自然式种植和规则式种植，架构出不同的空间形式，以满足不同的活动需求，做到疏密有致，营造疏朗大气的城市植物景观（图8-22）。

图 8-22　张家口新城中央景观大道植物景观

三、图纸方案部分

1.图纸分析

本设计标准段为四板五带式的道路，植物景观设计分为行道树绿化带植物造景、分车绿化带植物造景和路侧绿化带植物造景三部分内容。行道树绿化带采用树池式布置形式，分车绿化带包含中央分车绿化带和两侧分车绿化带两种类型。路侧绿化带较宽，形成了开放式的绿地，植物配置方面需要考虑设计方案中的铺装、小品形式，打造吸引游人、可供游人休闲游憩的植物景观。

2.种植方案

（1）植物材料选择。选择适合张家口地区的植物品种，优先考虑乡土树种，如馒头柳、垂柳、国槐、白蜡、银杏、榆树、复叶槭、蒙古栎等品种，保证常绿树与落叶树的比例为 3∶7。同时，巧妙运用植物材料营造四时之美，春季可运用榆树、丁香、连翘、榆叶梅、山杏、麦子、蓝羊茅营造花灌木和野花缤纷盛开，渲染春的新意；夏季可运用波斯菊、油菜花、芒草、狼尾草、大花萱草、马兰、黑心菊、八宝景天营造绿意盎然的景色，运用树林与草地突出张北景观特色；秋季运用白蜡、五角枫、火炬树、山楂、山杏、芒草、波斯菊、狼尾草、蓝羊茅打造叶色缤纷、果实累累的景象；冬季使用油松、云杉为主景树，打造常绿植物景观。

（2）行道树绿化带植物造景。选择银杏作为行道树树种，根据种植池位置栽植，间隔距离为 6.3 m。

（3）分车绿化带植物造景。中央分车绿化带运用青杨、新疆杨、五角枫、油松等乔木树种，搭配春季开花灌木碧桃，并以波斯菊、蓝花鸢尾、蓝花鼠尾草、石竹和草坪为地被草花，打造满足四时季相变化的植物景观。中央分车绿化带靠近转弯路口的位置不种植大乔木，以碧桃和石竹、草坪组成通透式植物景观，不遮挡行车视线。植物配置以行列式种植和丛植为主，疏密有致，高低错落，通过形成不同的林缘线，提高景观的可观赏性。

两侧分车绿化带以银杏、碧桃、金焰绣线菊、小叶黄杨和草坪为主要植物品种，错行列植银杏和碧桃形成基础种植组团，并规律性重复；在路口转弯处和进车位置则以地被植物为主，保证行车安全（图 8-23）。

（4）路侧绿化带植物造景。路侧绿化带为开放型休闲绿地，植物品种丰富，植物景观主要满足游人的生活休闲需要。油松、桧柏为主要常绿树种，水曲柳、蒙古栎、新疆杨、白榆、青杨、国槐、银杏、馒头柳为观叶、观形落叶大乔木，碧桃、海棠、紫丁香、东北连翘、暴马丁香为开花灌木，紫叶小檗和金叶榆为彩色叶灌木，大花萱草、八宝景天、波斯菊为开花地被植物。植物配置以丛植、群植为主，植物景观在色彩、图案、层次上不断变化，植物组团各具特色，结合道路、小品，打造自然怡人的休闲空间（图8-24）。

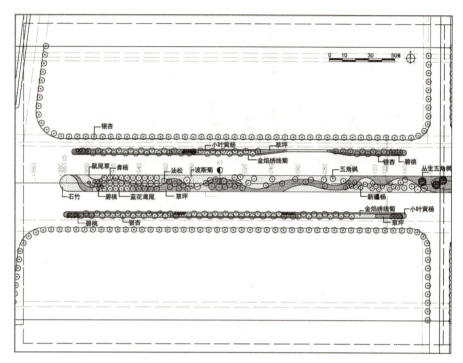

图 8-23　行道树与分车绿化带植物造景平面图

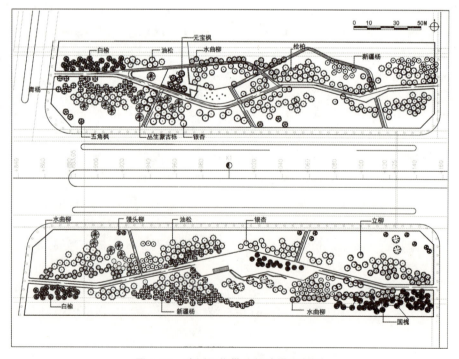

图 8-24　路侧绿化带植物造景平面图

知识拓展

一、城市步行街植物造景

（一）城市步行街的概念和特点

城市步行街，是指使人们在不受汽车及其他交通工具干扰和危害的情况下，可以经常性地或临时性地、自由而愉快地活动于充满自然性、景观性和其他设施的街道。城市步行街由于其特殊性，具有其他街道所没有的一些特点：人的行为随意性强，人们可以随心所欲、自由自在地去自己想去的地方；街道设施齐备，为人们提供方便的购物、休闲、娱乐空间；景观丰富，街道上有植物景观和雕塑、喷泉等园林小品，形成美丽的街景。

（二）城市步行街的分类

城市步行街根据使用性质的不同可分为商业步行街和游憩步行街。

1. 商业步行街

近几年，随着经济发展，各大城市都规划了中心区的商业步行街，成为市民接触、使用最频繁的公共开放空间。商业步行街上有完善的街道设施与丰富的景观设施，往往集购物、休闲、娱乐、餐饮、社交于一体，把生活中必要的购物活动变成愉快的休闲享受，成为社会文化生活的重要组成部分。商业步行街根据对车辆的限制情况可分为完全步行商业街、半步行商业街、公交步行商业街。完全步行商业街是指在步行街中禁止车辆进入，如上海南京路步行街（图8-25）；半步行商业街中，人与车在规定时间内交叉行进，这种商业步行街以时间段管制汽车进入区内；公交步行商业街中，禁止普通车辆通过，只允许公交汽车通过，这是属于限制通行量的类型，在步行街中保留少量线路的公交车可为人们的出行提供便利，如厦门中山路步行街。

2. 游憩步行街

游憩步行街主要设置在风景区、居住区或文化设施集中的地方，可供人们散步、休闲和观赏自然风景，如设在各博物馆、音乐厅、图书馆等公共建筑周围环境中的道路，人们在参观之后，自由信步，细细回味。这种步行街一般是以绿化为主体的街道空间，用高大浓密的乔木和开花繁茂的灌木共同绿化街道，形成宜人的环境（图8-26）。

图8-25　上海南京路步行街

图8-26　杭州西湖湖滨段步行街区植物景观

基础篇

实战篇

（三）城市步行街的植物造景原则

植物景观是城市步行街景观中的重要组成部分，其最主要功能是美化街景，通过不同色彩、质地、姿态的乔木、灌木、草本植物来美化临街建筑物（图8-27），并与各种服务设施有机结合，共同组成街道景观。植物景观还可以遮挡有碍观瞻的街道景观，并作为背景烘托步行街上的喷泉、雕塑或凉棚等焦点景观，例如，成都太古里步行街区将落叶植物与水池、喷泉结合起来，运用常绿植物作为背景烘托，会使之更富有自然气息（图8-28）。植物景观还可以分割街道空间，在步行街上可以用植物来划分空间，组织行人路线，如可用绿篱或花灌木形成屏障，也可用植物做成象征性的图案。巧妙地利用植物造景还可以打造出特色街道，将植物与其他有特点的景观相结合，提高街道的可识别性。

图8-27　南京老门东街区植物美化建筑

图8-28　成都太古里步行街植物景观

1. 以人为本原则

城市步行街是以人为主体的环境，因而在进行植物造景时，要和其他生活设施一样，从人的角度出发，以人为本，尽量满足人们各方面的需求，这样才能使植物景观较长时间地保留下来，不会因为设置不当导致行人破坏。

2. 生态适应性原则

城市步行街植物造景要充分考虑植物对环境条件的要求，诸如光照、温度、土壤等条件，根据不同的环境选择不同的植物种类，保证植物的成活率。

3. 季相变化原则

在种类和品种搭配上，要保证四季有绿、三季有花，要充分考虑随季节的变化而变化的景观效果，尤其在北方寒冷地区，要精心选择耐寒种类，最大限度地延长绿期。每个季节应有适应该季节的花卉，形成四季花开不断的景象，也可用盆栽植物随季节的变化而更换植物。

（四）城市步行街的植物造景方法

1. 商业步行街的植物造景方法

商业步行街植物造景要注重经济实用，对土地的利用要节约和高效。在植物造景过程中，应将美观和实用相结合，尽量创造多功能的植物景观，如花池与座椅相结合，路牌与种植池相结合等（图8-29），为休息的人们增添景色。由于土地有限，在植物选择上以小型的花草为主，可布置成小型花坛、花钵等形式，虽然体量不大，但功能不小，尤其在大面积的硬质景观中更是必不可少的点缀。在较宽阔的商业步行街上可以种植冠大荫浓的乔木或美丽的花灌木等，但树池最好用箅子覆盖或种植花草，树池的高矮、质地最好能适于人们停坐。在商业步行街要充分利用空间进行绿化、美化，可以做成花架、花廊、花坛、花球等各种形式，利用简单的棚架种植藤本植物，在树池中栽种色彩鲜艳的花卉，形成从地面到空间的立体装饰效果（图8-30）。另外，在商业步行街上，不宜铺设大面积的草坪，以免阻碍通行。

图8-29　香港星光大道入口路牌与种植池相结合　图8-30　南京老门东街区建筑前的藤本植物

2.游憩步行街的植物造景方法

游憩步行街的植物景观主要是围绕街道打造一个自然幽静的空间，使人们远离城市的喧嚣，无拘无束地在其中静思、遐想和谈心。游憩步行街可以选择多种植物，充分利用不同的植物材料打造乔、灌、草相结合的植物组团，为人们营造一个绿树成荫、鸟语花香的街道环境（图8-31）。如果城市中有良好的景观条件，如依山傍水，可凭借这些天然景色设置游憩步行道，选择合适的植物加以美化，使人们在游山玩水之时也可欣赏植物之美。

二、高速公路植物造景

高速公路一般是全封闭、全立交、四车道以上的干线公路，主要由主干道、互通式立交桥、服务设施区组成，其目的是提高远距离的交通速度和效率。高速公路路面质量较高，车速一般在80 km/h以上。高速公路属于城市间的快速交通干道，车速快，其空间的景观构成应与汽车行驶速度相应，从司乘人员的角度考虑植物景观设计的形式。由于速度的因素，一切景观元素的尺度要扩大，因此在植物景观设计时，不能以传统的小片种植或点缀为主，而应多用片植的形式，形成较大的色块或线条，达到良好的视觉效果（图8-32）。

图8-31　广州沙面街区步行路植物景观　　图8-32　高速公路植物景观

（一）高速公路植物景观作用

我国的高速公路起步较晚，但是发展十分迅速，随着对高速公路景观建设的加强，在借鉴国外高速公路绿化景观建设成功经验的基础上，国内公路景观建设也逐渐成熟。修建高速公路的过程中对周围的生态系统产生了较为严重的破坏，在挖方、填方施工过程中，由于立地条件恶劣，自然恢复植被十分缓慢，裸露边坡受到雨水冲刷、侵蚀易造成水土流失、塌方和滑坡，因此，高速公路的绿化势在必行。只有充分利用植物的生物多样性功能、环境保护功能、植物景观设计功能，才能更好地满足高速公路的各项要求。

1. 美化环境，防眩遮光

高速公路上车速较快，且沿线路段色彩单一，司机易产生视觉疲劳。在高速公路上进行植物景观设计，美化公路环境，可以给司乘人员创造一个良好的视觉立体空间，减轻视觉疲劳。另外，夜间相向行驶的车辆灯光照射会产生眩光，使司机产生暂时的视觉障碍，从而影响行车安全与行车速度，这就要求在中央分隔带合理配置树木，起到防眩目的。

2. 防止水土流失和风沙危害

在降雨季节，由于雨水的冲刷，极易产生水土流失，毁坏高速公路路基。在高速公路绿化中，通过合理的配置，选择树种和草种，采取生物措施，可起到防止水土流失、稳固路基的作用。同时，高速公路绿化，栽植树木花草，增加地表植被覆盖率，可拦截、抬升部分气流，消耗风的功能，从而起到降低风速、防止风沙危害的作用。

3. 降低噪声，减轻污染

高速公路上的绿化植物可有效地吸收声波、降低噪声，选择抗污染的树种，通过吸尘、杀菌、吸收有害气体，减轻空气污染。

（二）高速公路植物造景原则

1. 交通安全性

交通安全性是高速公路植物造景的首要原则，一定要确保植物景观施工后的行车安全。不能在中央分隔带种植大量色彩鲜艳的花草，以免分散行车司机的注意力，影响行车安全，同时，中央分隔带的植物种植还要起到防眩光的作用。植物种植要有引导性。在隧道的出入口用较大乔木进行明暗过渡处理，以保护司机视力；在较易出现危险的路段，可用灌木成群栽植，以缓冲车速，减小事故造成的损失。在禁植区不可种植妨碍视线的乔木、灌木，以免影响行车安全，但可以种植地被以覆盖地面。

2. 景观舒适性

高速公路植物造景要结合周边环境进行总体考虑，将高速公路的景观绿化和沿途两侧风光相结合，注意整体性和节奏感。植物景观营造要考虑降噪、防尘、减低风速、净化空气等功能，并注意植物的生长习性，对植物的花期、花色及形态等进行合理搭配，使高速公路集绿化、美化、净化于一身，打造出具有时代感、反映风土人情且具较高艺术水平的植物景观。

3. 生态适应性

由于高速公路特殊的立地条件，在植物选择上，首先应考虑具有最佳适应性，表现为抗逆性强、生长发育正常、病虫害少及易繁殖等；其次，水土保持能力要强，生物防护性能好；最后，要求遵循适地适树原则，优先选择乡土树种，体现地方特色。

4. 经济适用性

在高速公路植物景观设计中，既要克服不重视绿化的思想，又要充分考虑业主的经济承受力，尽量降低造价和后期绿化管理费，要求在选用植物材料时，尽量选用抗性强、管理粗放和价格低的植物种类。在选用苗木时，应本着经济的原则，根据使用目的不同，决定栽植苗木的大小，一般情况下采用小苗，只有在服务区或有人为踩踏的地段，为保证绿化效果才选用大苗。

（三）高速公路植物景观设计原理

高速公路植物景观设计首先要遵循景观生态学原理，对高速公路进行具有景观性的生态恢复设计。根据道路沿线植被、地形等的不同，设计不同的景观方案，使植物覆盖裸露土壤和山地坡面，突出设计的生态性。同时，要追求以植物群落造景为主，乔、灌、草多种植物景观设计模式并存，形成多层复合结构的人工植物群落，突出景观的多样性。遵循植物配置原则，以大色块的植物景观体现高速公路景观观赏的瞬时性，以达到良好的景观效果。遵循"以人为本"的思想，突出人性化设计，全面把握公路使用者的视觉感受和行车心理，通过科学的植物配置和柔化遮挡作用，优化道路行车环境，充分发挥植物的生态防护及视觉诱导作用，打造安全、有趣味性的绿色行车环境。

提升训练

➤ 训练任务及要求

（1）训练任务。图 8-33 为沈阳市某段城市道路绿地平面图，总长度约为 300 m，路侧绿化带较宽，约为 65 m，设计为开放式带状公园。根据自己对该项目的理解，利用道路绿地植物造景基本原则和基本设计程序进行植物景观设计，完成该城市道路绿地植物种植设计图。道路交叉口节点处要注意植物高度控制和景观效果。该训练主要是对城市道路绿地进行植物景观的初步设计。

（2）训练要求。

①不同类型的城市道路绿地采取不同的种植方式；

②植物与其他景观要素搭配要合理，满足景观效果；

③在植物选择上要符合当地自然环境，在满足绿化和美化的基础上，要考虑季相和色彩变化，呈现出更好的植物景观。

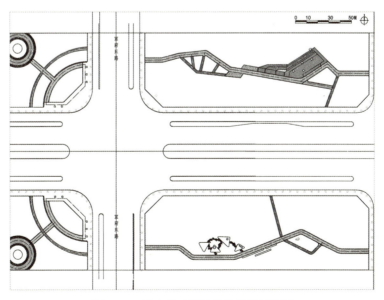

图 8-33 城市道路绿地植物造景平面图

📄 考核评价

考核评价表

评价类别	评价内容		学生自评（20%）	组内互评（40%）	教师评价（40%）
过程考核（50分）	专业能力（40分）	植物选择能力（10分）			
		植物搭配能力（10分）			
		图纸表现能力（20分）			
	职业素养（10分）	工作态度（5分）			
		团队协作（5分）			
成果考核（50分）	方案创新性（10分）				
	方案完整性（10分）				
	方案规范性（10分）				
	汇报展示（20分）	汇报思路清晰，逻辑结构合理(5分)			
		语言表达流畅、简洁，行为举止大方（10分）			
		PPT制作精美、高雅（5分）			
总评				总分	
	班级		第　组	姓名	

任务九 小庭院的植物造景

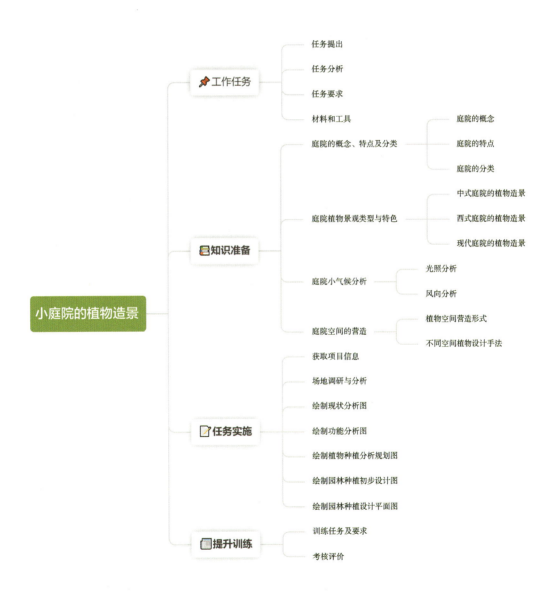

小庭院的植物造景

- 工作任务
  - 任务提出
  - 任务分析
  - 任务要求
  - 材料和工具

- 知识准备
  - 庭院的概念、特点及分类
    - 庭院的概念
    - 庭院的特点
    - 庭院的分类
  - 庭院植物景观类型与特色
    - 中式庭院的植物造景
    - 西式庭院的植物造景
    - 现代庭院的植物造景
  - 庭院小气候分析
    - 光照分析
    - 风向分析
  - 庭院空间的营造
    - 植物空间营造形式
    - 不同空间植物设计手法

- 任务实施
  - 获取项目信息
  - 场地调研与分析
  - 绘制现状分析图
  - 绘制功能分析图
  - 绘制植物种植分析规划图
  - 绘制园林种植初步设计图
  - 绘制园林种植设计平面图

- 提升训练
  - 训练任务及要求
  - 考核评价

学习目标

➤ 知识目标

（1）了解庭院植物景观类型与特色；

（2）掌握庭院植物造景的原则；

（3）掌握庭院植物造景的步骤和方法。

➤ 技能目标

（1）能够根据庭院的风格特点独立进行各类庭院植物景观设计；

（2）能够独立制定设计方案，熟练运用计算机辅助软件，制作设计文本，绘制植物景观设计的总平面图和节点效果图。

➤ 素质目标

（1）全面系统地了解庭院景观的发展，提升园林基本知识素养；

（2）了解业主喜好与需求，结合业主的个人兴趣和文化品位进行设计；

（3）充分认识庭院景观的园林文化和艺术价值及魅力，践行习近平生态文明思想。

工作任务

● 任务提出

图 9-1 所示为东北地区某私家庭院景观设计的现状图，根据小庭院植物景观设计的原理、方法和功能要求，结合该庭院场地的现状条件和设计风格，在满足业主要求的前提下，对该庭院进行植物景观设计。

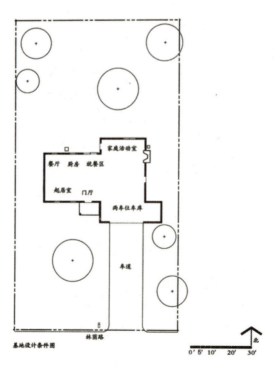

图 9-1　东北地区某私家庭院景观设计现状图

● **任务分析**

在了解各种庭院的风格类型和植物景观特色的基础上，掌握小庭院植物景观设计的步骤和方法。在了解甲方对项目设计的具体要求后，根据庭院植物景观设计原则，分析庭院的小气候对该场地的影响，最后进行设计构思，完成对该私家庭院的植物景观设计。

● **任务要求**

（1）了解甲方的具体要求，掌握该庭院植物景观设计的案例资料及项目概况等基本信息。

（2）灵活运用庭院植物景观设计的基本方法和设计原则，适地适树，植物布局合理。

（3）表达清晰准确，立意构思巧妙，图纸绘制规范。

（4）完成该庭院现状分析图、植物功能分区图、植物分区规划图、种植初步设计平面图、种植设计平面图等相关图纸。

● **材料和工具**

测量仪器、手绘工具、绘图纸、绘图软件（AutoCAD、Photoshop）、计算机等。

知识准备

庭院是用于栽植观赏树木、花卉、果木、蔬菜与地被植物的场地，它往往经过合理的人工布局，并且结合山石、水体、建筑小品等景观，形成具有一定功能性与个性的可提供人们欣赏、休闲、娱乐、活动的生活空间。庭院作为人们生活场所的一部分，作为大自然的一个缩影，开始受到越来越多的关注。而家庭庭院作为家居休闲的场所，其绿化美化也一直被人们广泛关注。家庭庭院因其空间有限，其植物的选择与配置水平要求较高。

本任务可以让大家了解小庭院植物设计风格、常用植物种类，掌握小庭院植物景观设计的流程，结合具体实践项目，掌握小庭院植物设计图纸的绘制方法和要求。

一、庭院的概念、特点及分类

（一）庭院的概念

庭院（Courtyard Garden）可以理解为院落空间。建筑物（包括亭、台、楼、榭）前后左右或被建筑物包围的场地，即由建筑与墙垣围合而成的室外空间，统称为庭或庭院。

在庭院中，经过适当区划后种植树木、花卉、果树、蔬菜，或相应地添置设备和营造有观赏价值的小品、建筑物等以美化环境，供游览、休息之用的场地，称为庭园。简单地说，庭园就是房屋建筑的外围院落。可以在庭园立面设置人工山水，种植各种花草树木，以供人们娱乐、观赏和休憩。

（二）庭院的特点

庭院主要有以下特点：

（1）庭院的边界较为明确，主要由围墙、栅栏等构筑物围合而成。

（2）庭院空间具有内、外双重性，它相对于建筑而言是外部空间，是外向的、开放的，但相对于外围环境来说，则是内向的、封闭的、独立的。

（3）庭院与建筑联系紧密，在功能上相辅相成，景观上互相渗透。

（4）庭院是一种特殊的场所，能够满足人们休憩、交流、欣赏、陶冶情操等多方面的需求，它还是人们缓解与释放压力的场所。

基础篇

实战篇

（三）庭院的分类

庭院按照使用者和使用特点的不同，主要可分为私人住宅庭院、公共建筑庭院和公共游憩庭院三种类型。

1. 私人住宅庭院

私人住宅庭院与人们日常生活密切相关，它是开展许多家庭活动的场所，如散步、就餐、晾晒、园艺活动、交流、聚会、休息、晒太阳、纳凉、健身运动、游戏玩耍等，它是人们生活空间的一部分（图9-2、图9-3）。

图9-2　私家住宅庭院景观（一）　　　　　　图9-3　私家住宅庭院景观（二）

2. 公共建筑庭院

公共建筑庭院主要是指酒店、宾馆、办公楼、商场、学校、医院等公共建筑的庭院。此类庭院往往与人们的工作、学习、娱乐等活动相关，主要满足人们观赏、休憩、交流、等候等使用功能（图9-4）。针对不同类型的公共建筑庭院设计时，需根据具体使用对象的使用特点与功能要求，创造充满人性化的公共建筑庭院景观（图9-5）。

图9-4　公共建筑庭院景观（一）　　　　　　图9-5　公共建筑庭院景观（二）

3. 公共游憩庭院

公共游憩庭院是指被建筑、通透围墙围合的小面积开放性绿地，该类庭院可以独立设置，也可以附属于居住区、公园或其他绿地。公共游憩庭院使用人群较多，人流量也较大，以满足人们观赏、游览、休憩等使用功能为主，通常具有舒适宜人的游憩环境和赏心悦目的视觉效果（图9-6）。

图9-6　公共游憩庭院景观

二、庭院植物景观类型与特色

（一）中式庭院的植物造景

中国园林是一种自然山水式园林，宛如山水泼墨，追求自然天成是中国园林的特色。它把自然美和人工美高度结合起来，融艺术境界和现实生活于一体，把社会生活、自然环境、人的审美情趣与美的理想水乳交融般地交织在一起，形成可坐可行、可游可居的现实物质空间。它是人们认识、利用和改造自然的伟大创造。"自然者，为上品之上""虽由人作，宛自天开"成为评价中国园林艺术的最高标准，"外师造化，中得心源"成为中国造园艺术的基本信条。中国园林的总体布局，要求庭院重深，处处邻虚；空间上讲求"隔景""藏景"，要求循环往复、无穷无尽，在有限的空间范围内营造出无限的意趣；在审美情趣上，则追求神似，不追求形似，特别讲究因地制宜，因势随形（表9-1）。

表9-1　中式庭院植物景观特征

类型	特征	造园手法	特色和润饰	植物	构筑物
中式庭院	自然山水式园林。重诗情画意、意境营造，贵于含蓄蕴藉，注重文化积淀，讲究气质与韵味	崇尚自然，师法自然，是天人合一的艺术综合体	较中和，多为灰白色。最具代表性的植物梅、兰、竹、菊作为庭院的设计主题	一般有着明确的寓意和严格的位置。如屋后栽竹，厅前植桂，花坛种牡丹、芍药，阶前种梧桐，水池栽荷花等	建筑以木质的亭、台、廊、榭为主，月洞门、花格窗式

中式庭院遵循中国古典园林崇尚自然、师法自然的精髓。中式庭园注重中国园林设计中的小中见大、咫尺山林、含蓄曲折、宛自天开的典型手法；注重在有限的空间范围内利用自然条件，模拟大自然中的美景，把建筑、山水、植物有机地融合一体，使自然美与人工美统一起来，创造出天人合一的艺术综合体（图9-7）。造园多采用障景、借景、仰视、延长和增加园路起伏等手法，并用中式庭院最具代表性的植物梅、兰、竹、菊作为庭院的设计主题，以此隐喻主人的虚心、有节、挺拔凌云、不畏霜寒的君子风范，利用大小、高低、曲直、虚实等对比达到扩大空间感的目的，产生"小中见大"的效果（图9-8）。

庭院植物一般有着明确的寓意和严格的位置，如屋后栽竹，厅前植桂，花坛种牡丹、芍药，阶前种梧桐，转角种芭蕉，坡地种白皮松，水池栽荷花，点景用竹子，配合石笋小品用石桌椅、孤赏石等，形成良好的庭院植物景观（图9-9）。

基础篇

实战篇

图 9-7　中式庭院主入口景观

图 9-8　中式庭院中庭效果图

图 9-9　松树点景

（二）西式庭院的植物造景

　　西方传统庭院一直沿袭了古埃及和古希腊的规则式庭院思想，经过古罗马庭院、中世纪庭院、意大利文艺复兴庭院、法国古典主义庭院，直到 18 世纪，英国受到东方庭院文化的影响，才有了彻底的改变，出现了不规则布局的自然风致园（图 9-10～图 9-14）。虽然现代的庭院很少纯粹采用西方古典风格，但有时可能在有限的空间里有局部或片段的表达形式，描摹其精神（表 9-2）。

表 9-2　西式庭院植物景观特征

类型	特征	造园手法	特色和润饰	植物	构筑物
古希腊和古埃及	古埃及庭院由菜园和果园发展而来	珍视水的作用和树木的遮阴		无花果、石榴、葡萄，以及蔷薇、银莲花等	
意大利式	台地式、规则式布局	中轴线上开辟阶梯式的台地、喷泉、雕像等	石栏杆、石坛罐、碑铭及古典神话为题材的大理石雕像	多采用黄杨或柏树组成横纹式图案	
法式	规则式布局	把整个庭院的小径、林荫道和水渠分隔成许多部分	日晷、供小鸟戏水的盆形装饰物、瓷缸和小天使；花草容器、古典装饰罐	欧洲七叶树、梧桐、枫树、黄杨、松树、铁线莲和郁金香等	圆柱、雕像、凉亭、观景楼、方尖塔和装饰墙、长椅等
英式	自然式布局	向往自然、崇尚自然	主要元素有藤架、座椅、日晷等	注重花卉的形、色、味、花期和丛植种植方式，如蔷薇、雏菊、风铃草等	

续表

类型	特征	造园手法	特色和润饰	植物	构筑物
美式	自然式布局	表现悠闲、舒畅、自然的生活情趣	以自然色调为主，绿色、土褐色最为常见，充分显现出乡间的朴实味道	用植物营造出视野开阔的环境，并且大量使用大型乔木和草坪，花卉类植物应用较为广泛	
地中海式	唤起人们的一些鲜明意象		基础色调源自风景和海景的自然色彩，石墙或刷漆的墙壁构成了泥绿色、海蓝色、锈红色的背景幕墙	有仙人掌等多肉植物和棕榈树、针叶类植物。另外，无花果、葡萄也都是必不可少的	陶罐是必不可少的装饰元素；木材、藤条和金属则是最受欢迎的装饰材料
中南亚式	最自然的风情，给人以随性、热情奔放的感觉		偏爱自然的原木色，大多采用褐色等深色系	热带大型的棕榈树和攀藤植物	

图 9-10 古埃及庭院景观

图 9-11 意大利法尔奈斯庄园

图 9-12 法国凡尔赛宫苑

图 9-13 美式庭院

图 9-14 地中海式庭院

（三）现代庭院的植物造景

现代主义风格体现的是一种简约之美，采用轻快简洁的线条和时尚的设计形式，给人一种明快、轻松、舒适的体验，往往能达到以少胜多、以简胜繁的效果。现代风格的庭院最适宜建造在现代主义风格的建筑或20世纪末建成的建筑的周围。

现代简约风格往往结合新材料、新技术、新工艺的运用，如玻璃、不锈钢金属构件、新型环保材料等的应用。在如今的快节奏生活中，简洁大方的装修风格备受年轻人的推崇。

当然，任何建筑，只要不是很典型的规则风格，都可以配合现代风格的庭院（表9-3）。

基础篇

实战篇

表 9-3　现代庭院植物景观特征

类型	特征	造园手法	特色和润饰	植物	构筑物
现代简约风格	以轻快简洁的线条和时尚的设计形式，结合新材料、新技术、新工艺的应用	设置很多休憩空间，增加庭院的舒适度，功能性增强，利用流畅的线条勾勒空间结构	色彩对比较为强烈，颜色艳丽多彩，构图灵活简单；将石块、鹅卵石、木板或用水泥和混凝土浇筑成各种诱人的外形用于地面	经常用高大、狭长的线条配合低矮的具有雕塑风格的植物，以达到视觉上的平衡	创意雕塑品、艺术花盆及家具等

现代风格的庭园构图灵活简单，在形状方面，主要采用简单的长方形、圆形和锥形，既美观大方，又不乏实用性（图 9-15、图 9-16）。

图 9-15　长方形构图，灵活简单

图 9-16　艺术花盆、家具突出简约主义风格

现代风格的庭园属于简约主义的庭院，强调简单的形式，材料都是经过精心选择的高品质材料。另外，创意雕塑品、艺术花盆及家具等是这类庭院的主要元素，也可以加入一些天然的元素，如石块、鹅卵石、木板和竹子等（图 9-17～图 9-19）。

图 9-17　植物新材料组团种植

图 9-18　简单形式和简约风格

图 9-19　规则式简单布局形式

三、庭院小气候分析

所谓"小气候"，是指基地中一个特殊的点或区域的小型气候条件，是一块相对较小的区域内温度、太阳照射、风力、含水量（湿度）的综合。小气候不仅对小庭院的空间使用方式产生影响，例如，人们使用最多的区域应根据小气候进行定位，以延长使用时间和提高使用的舒适度；小气候还决定小庭院中植物的选择与定位，因为所有植物都有自己所需的特殊的气候条件。

任何小庭院都有自己的小气候，这是由小庭院的方位、建筑布局（位置、朝向、高度、形状）、地形、排水方式、现有植物的种类和数量，以及小庭院中地面材料的范围和位置等条件共同决定的。虽然每块基地不同，但一般基地都有一些共同的规律可循，这就是自然的客观规律。

住宅东边的特点：温和舒适；早上有光照，午后则有阴影；能避免吹到西风；适合种耐阴的植物。住宅南边的特点：日照最多；夏季的早上和傍晚有阴影；冬季日照充分，最为温暖舒适；能避免吹到北边的冷风；利于大部分植物的生长，但喜阴的植物要注意遮阴。住宅西边的特点：夏季热而干燥；冬季多风但午后阳光很好；早上处于阴影中，午后阳光直射；如果要使用西边的空间，必须在西边采取遮阴措施来改善；适合较耐旱及耐热的植物生长。住宅北边的特点：冷而潮湿，日照最少；冬季直接暴露在冷风中，即使是夏季，也不是舒服的地方；适合喜阴耐寒的植物生长（图 9-20）。

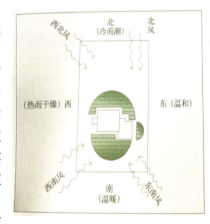

图 9-20　庭院小气候分析示意

每个小庭院的小气候各不相同，但都有一些对小气候起决定作用的因素。如光照和通风两个因素，对小气候具有决定性的影响。尽管温度等因素同样很重要，但小气候环境中这些因素常依赖于光照和通风。故以下主要就光照和通风两大因素对小庭院植物景观的影响进行探讨。

（一）光照分析

光照对小庭院的温度和阴影形状具有决定作用，它不仅影响使用者的舒适度，而且对小庭院中的植物的生长具有决定性作用。

要了解光照对小庭院的影响，首先应了解太阳在一天之中及一年之中不同季节的运动规律。随着太阳水平方向和高度角的不断变化，太阳在天空中的相对位置也不断变化。在夏季和冬季太阳高度角的最大值如图 9-21 所示。根据对太阳运行轨迹的研究和分析，太阳形成的阴影具有以下规律。

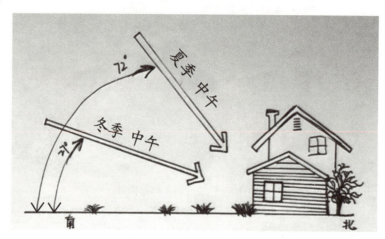

图 9-21　光照对小庭院的温度与阴影形状的影响

（1）夏季，小庭院建筑的所有面都能接收阳光的照射，建筑所有面都能形成阴影；最大的阴影区会出现在建筑的东面或西面，建筑南面或北面有较小的阴影。

（2）冬季，只有建筑的南面能受到阳光直接照射，北面没有阳光照射。

（3）3 月和 9 月期间，最大的阴影区出现在建筑的东面、北面和西面。

（4）一年里，建筑的南面受到的阳光最多，北面的最少。

因此，在夏季，特别是午后的几个小时，小庭院中特别需要遮阴，最普遍的做法就是在小庭院中种植一些高大的庭荫树。庭荫树应具有相对较高、冠幅较大、叶茂密的特点。为了提供良好的庇荫效果，庭荫树一般种植在建筑或室外空间的西南面或西面。除此以外，庭荫树还可以兼具其他功能，如形成空间边界、控制视线或作为视线的焦点等。

另外，棚架绿化同样可以为小庭院提供阴凉。与庭荫树相比，棚架绿化在设计之初就能起到作用，而树木则需要较长的生长时间才能达到遮阴的目的。

沿建筑的东墙或西墙种植攀缘植物和灌木也可以起到为建筑遮阴的作用（图 9-22）。攀缘植物沿墙面攀爬，可以减少墙面对光照的吸收，从而降低室内温度。沿建筑外墙种植灌木可以起到类似的效果。

图 9-22　太阳高度角较低时，建筑东墙或西墙种植植物对建筑遮阴的影响

与夏季相反，每年从深秋到早春时节，由于气温较低，应充分利用日照。因为日照可以使小庭院气温升高，延长小庭院的使用时间，从而提升小庭院的宜居性。根据太阳的运行规律，常用的使太阳照射最大化的方法就是在建筑的南面种植枝条开张、松散、分枝点较高的落叶乔木，并将其种植在靠近建筑的位置。这样不仅可以在夏季遮阴，到了冬季落叶之后，阳光可以穿透植物枝干直接照射建筑和小庭院，起到使室内外升温的作用（图9-23）。但在建筑南面种植植物也应适量，避免植物过于茂密阻挡阳光的透射。另外，还应尽量少种植常绿植物，在南边种植的灌木不能挡住窗户（图9-24）。

图9-23　建筑南面种植较高的落叶树
可使房间在冬季获得较多的日照

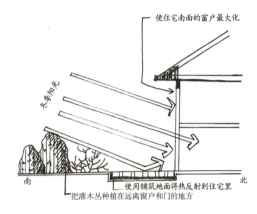

图9-24　建筑南面种植植物，避免植
物过于茂密阻挡阳光的透射

在全年均能形成阴影的建筑北面，需要利用植物改善小庭院的环境。植物应选择较耐阴的品种，以适应光照较差的状况。

（二）风向分析

随着季节的变化，风也有一定的运行模式，如对于中国大部分地区而言，夏季盛行的主导风向多为南风和东南风，而冬季盛行的主导风向多为北风和西北风。风的变化也与天气有关，如暖和的天气多为南风和东南风，而寒冷的天气则变为北风等。

在小庭院中，为给人提供良好的室内外活动空间，也能最大限度地利用自然力，通常会对风进行屏蔽和引导（图9-25）。

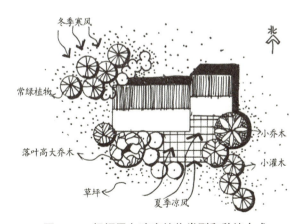

图9-25　根据风向确定植物类型和种植方式

一般常在寒冷季节对风进行屏蔽，常用植被、围墙、地形等作为防风屏障。植物的密集栽植可以形成类似"墙"一样的屏障要素。为产生良好的效果，常绿的针叶树和灌木往往是最佳选择，将它们种植在建筑或小庭院的北面和西北面，可以有效阻挡寒冷季节的冷风侵袭。

风也可以成为对小庭院非常有利的因素。如在气候炎热的季节，空气的流动可以加速人体皮肤表面的水分蒸发，因而带来凉爽的感觉。风的流动还可以改善空气质量，如果在小庭院的南面或东南面种植低矮植被或草坪，可以将夏季盛行风向的风引入小庭院中。实践证明，进入小庭院的风也受到所经过地表的影响，如果让风掠过低矮的植被或水面进入小庭院深处或室内，会起到很强的降温效果。因此，最佳的处理方式应是在风向的引入面形成一条低矮植物或低矮植物与水面相结合的"通廊"，以最大限度地改善环境温度（图 9-26）。

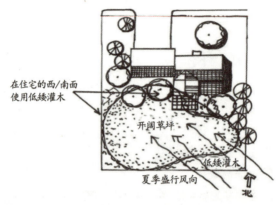

图 9-26　在南向和东南向种植低矮灌木、地被植物，可将夏季盛行风引入庭院

当风吹过高大树木的枝叶时，会受到植物枝叶的牵引，尤其是树冠与地面之间，风速会增强，让树下空间感觉更加凉爽。因此，综合考虑光照和风向的影响，在建筑或小庭院的南面种植落叶植物，在夏季也可以起到降温的作用（图 9-27）。

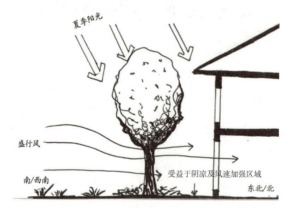

图 9-27　在建筑或小庭院的南面种植落叶植物，夏季可以起到降温作用

四、庭院空间的营造

庭院空间是一个外边封闭而中心开敞的私密性的空间。植物除可作为绿化美化材料外，其在空间营造中也发挥着重要的作用。针对小空间的庭院，更要善于利用植物进行空间拓展。

（一）植物空间营造形式

植物可用以营造共享的交往空间及半封闭半开敞的围合空间等。植物空间营造的表现形式有对比与变化、分隔与引导、渗透与流通。

1. 空间的对比与变化

"柳暗花明又一村"形象地表现了园林中通过空间的开合收放、明暗虚实等的对比，产生多变而感人的艺术效果，空间富有吸引力。曲折蜿蜒的河道，时窄时宽，两岸种植冠大荫浓的乔木，使整个河道空间时收时放，景观效果由于空间的开合对比而显得更为强烈，植物也能形成空间明暗的对比。

2. 空间的分隔与引导

在园林中，常利用植物材料来分隔和引导空间。在现代自然式园林中，利用植物分隔空间可不受任何几何图形的约束。若干个大小不同的空间可通过成丛、成片的乔灌木相互隔离，空间层次深邃，意味无穷。不同植物空间的组合与穿插，同样需要不同的指引手段，给人以心理暗示。利用更具独特造型的植物来强调节点与空间，可达到引导和暗示的作用。

3. 空间的渗透与流通

园林植物通过树干、枝叶形成一个界面，限定一个空间，此界面疏密结合，添入透景效果，形成围空间、透空间，人走其中，便会产生兴奋与愉悦的感觉。

（二）不同空间植物设计手法

庭院因其承担的功能和意境不同及其在建筑中或建筑群中的位置不同而有特定的称谓，如"前院""内院""后院"等（图9-28）。

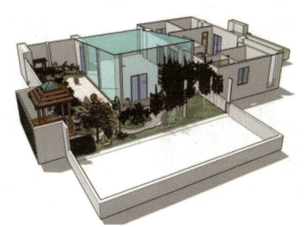

图 9-28　庭院空间组成示意图

植物景观设计是运用生态学原理和艺术原理，充分利用植物素材在园林中创造出各种不同空间、不同艺术效果和适宜人居室外环境的活动。庭院绿化是整个城市绿化系统的一个重要部分。重视庭院植物景观设计也是提高人们生态意识的一种方式，可改善人类的生活环境。

1. 前院空间的植物景观设计

前院空间是进出整个住宅的通道，主要起到出入口的作用，分为车行入口和人行入口。根据前院围墙的高度和种类，前院又可做成开放式、半开放式、封闭式。开放式前院一般设置矮的挡土墙和花坛；如果采用铁艺围墙，则该前院属于半开放式前院；封闭式前院采用高的实体围墙。

前院空间的植物景观设计，主要突出出入口景观，充分考虑人行入口和车行入口。人行入口可对称种植落叶观花树种，如白玉兰、樱花、合欢等植物；车行入户可种植常绿树（如广玉兰）、落叶树（如银杏）等。封闭式的前院具有分户实体围墙，一般高度在2 m左右，要充分考虑植物对墙体的遮挡和对外面人群视线的遮挡；半开放式的前院则可采用藤本攀爬铁艺的围墙；开放式的前院可考虑采用挡土墙和花坛相结合的种植形式（图 9-29）。

图 9-29　前院空间景观

2. 侧院空间的植物景观设计

侧院，又称内院。内院是人们经过前院、不穿过住宅建筑而到后院空间的通道，主要起到交通作用。由于侧院不是出入口空间，也不是主要的活动场所，人们会把它作为一定的储物空间来使用（图 9-30、图 9-31）。

图 9-30　侧院空间景观（一）

图 9-31　侧院空间景观（二）

侧院的主要作用一般是通行和储物，所以人们停留的时间不会过长，它是联系前院与后院的枢纽，有空间过渡和承上启下的作用。一般的侧院空间会比较狭长，多采用嵌草汀步或草径等作为交通步道，营造自然轻松的氛围。种植主要是在建筑与步道、步道和分户围墙之间的区域。乔木的主要作用是对隔壁住宅二楼住户窗户的视线遮挡，可以列植常绿树种，或者在草径和汀步的两侧错落地种植落叶乔木，让种植范围较窄的侧院空间起到较好的分户遮挡作用。

3. 后院空间的植物景观设计

后院空间是住宅主人和客人的主要活动场所，是停留时间最长的室外庭院空间。因此，很多景观元素都设置在后院。例如，室外家居平台、游泳池、SPA 池、烧烤设备、室外壁炉等，包括小品廊架、景亭、特色花架、雕塑、座椅、景墙等（图 9-32）。

后院一般是主要的庭院活动空间，也是庭院空间中面积最大的部分，多数的活动都在此区域展开，是非常适合人们活动和放松的主要庭院空间。如果面积足够大，可设置开敞式草坪。因此，各类硬质景观小品元素都设置在后院。

（1）别墅庭院角点的种植设计。在庭院角点处点植乔木，对把控整个后院种植空间、保证庭院空间的私密性起到极其重要的作用。如果庭院角点种植空间较大，可以2～3棵为群组来设计。在这里，常绿的香樟、饱满的广玉兰等树种是很好的选择。在建筑墙角种植乔木，乔木下可配置常绿灌木或草本花卉用以遮挡围墙的拐角（图9-33）。

图 9-32　别墅庭院的植物设计　　　图 9-33　庭院角点种植设计

（2）草坪界限与围墙之间的种植区域。在这个区域，主要是通过上层乔木、中层灌木、下层地被三层空间创造复合植物群落。

上层空间可以选择观花树种、庭荫树、色叶树等，如玉兰群植、樱花列植。点植可以选择无患子、银杏、红枫、青枫等色叶树。果树如杨梅、柿树、橘树、香柚等在庭院种植设计中也经常运用。处于上层大乔木和下层地被之间的中间层，是前两者的过渡空间，主要靠小乔木和灌木来丰富，如观花类紫荆、海棠、贴梗海棠、绣线菊、木绣球等。常绿灌木多列植于墙根，点植于角点，对植于出入口、台阶的两侧等。下层地被离观赏者最近，可以用一种简单的地被铺满很大一块种植区域，也可以用很多种地被高低错落种植。

（3）其他景观元素周边的种植。中庭空间以创造室内"自然空间"为特征，满足了人类亲近大自然的需求。各园林要素诸如绿化、水体、雕塑都是创造中庭空间中天然的素材。中庭空间应能够满足休息、景观等功能需求，绿化要素结合实际功能需要，选择适宜种类，营造舒适轻松的独特空间（图9-34）。

中庭空间的植物景观设计，坚持可持续发展理念，充分利用可再生资源，如太阳能照明、环保绿色建筑材料等。

图 9-34　中庭空间的植物设计

基础篇

实战篇

 项目实施

一、获取项目信息

设计师可以通过与客户的交流获取一些相关的资料，如客户的家庭情况、客户的需求与期望、客户对于小庭院环境的喜好、客户的生活方式与性格特点、客户对于基地的意见、客户对小庭院的养护水平和精力等，从而充分了解甲方的意图、基本情况及对庭院设计的需求，具体如下。

1. 空间设计

设计师接受客户提供的相关图纸资料，按照提供的总平面图尺寸，初步了解基地的空间范围及相关的基本情况。围绕建筑进行庭院景观的合理布局，注意空间形式的划分（动静功能的需求划分）。

2. 家庭成员

户主：喜欢运动、读书，喜欢蓝色、绿色。

妻子：喜欢运动、烹饪、读书、听音乐，喜欢玫瑰，喜欢红色。

儿子：初中生，喜欢运动，喜欢绿色。

四位老人：年龄都在 60 岁以上，常会在家里暂住，老人们喜欢园艺、聊天、棋牌类活动。

3. 对庭院空间的期望

家庭成员经常在庭院中休息、交谈，开展一些小型的休闲活动，能够种一些花或种一些菜，能够举行家庭聚会（BBQ、用餐等，通常一个月一次，人数 6～15 人不等），能够看到很多绿色，感受到鸟语花香，一年四季都能够享受到充足的阳光。

4. 功能区及其面积

入口集散空间 15 m²，草坪空间 60 m²，私密空间（容纳 3～4 人）8 m²，聚餐空间（容纳 10～15 人）30 m²，小菜园 20 m²，工具储藏室 6 m²。

5. 设计要求

客户希望有一个菜园；有足够的举行家庭聚会的空间；在庭院中能够看到绿草、鲜花，在房间里能够看到优美的景色，要有休闲观景平台，整个庭院安静、温馨，使用方便；尤其要方便老人使用；植物设计有遮阴效果，后院避免日晒；但不得出现带刺、有毒植物。

二、场地调研与分析

1. 基地调查

在进行设计构思之前，设计师还应对设计场地进行现场调查，以获取直观的场地信息。基地调查的主要内容包括基地现状、周边环境、视线关系、社会环境、文化习俗与背景等。

在对此别墅庭院进行植物景观设计时，应对基地现状有明确的了解。该住宅小庭院由建筑分隔分为前院、后院和侧院三部分。前院面积较开阔，车道两侧有几株植物（银杏、海棠、合欢）长势良好；建筑入口门廊与车道之间有一条宽约 1 m 的步行道连接。侧院狭窄且不实用，东侧院堆置着一些杂物和垃圾箱。后院开敞而缺乏遮挡，北面有几株植物（樱花、水杉、香樟等）。基地的东面和背面有栅栏和植物，给人一种部分围合的感觉。后院的西面和北面可看到邻居的房舍，东面可看到邻居美丽的后院景观，西北面和东北面也有较好的外部视线。

2. 基地分析

基地分析是设计的基础和依据，植物与基地环境的联系尤为密切，基地的现状对植物的选择与生长、植物景观的塑造、植物功能发挥等具有重要的影响。现状分析图主要是将收集到的资料及在现场调查得到的资料利用特殊的符号标注在基地底图上，并对其进行综合分析和评价，得出的对于别墅庭院植物景观设计的基本结论和解决方案。

经过对基地现状进行分析和归纳，可以获取一些重要的结论和建议。前院植物景观：现有的植物应该保留并结合到设计中，应利用植物景观强化建筑入口门廊的视线，并考虑室内与入口视线的连接；住宅的西南侧和两侧应有树荫，为夏季午后提供阴凉，而在冬季则应提升室内温度等；前院与外部道路连接的部分受噪声干扰明显，应利用植物加以屏蔽。后院植物景观：在院落北面和西面应设置植物屏障或栅栏，以提高后院的私密性（视觉上与邻居的娱乐区分开，冬季阻挡寒风侵袭）；考虑再设置一个娱乐空间，该娱乐空间应有良好的荫蔽和私密感；为满足休憩需求，应设置一个开阔的草坪空间，并尽量利用现有植被提供遮阴；为满足主人的园艺需求，还应在后院适当的位置设置花园园艺区域等。

三、绘制现状分析图

在基地图纸上以图示的方式进行设计的可行性研究，并将前期研究的结论与意见放进设计中。一般常用的方法是利用圆圈或抽象的图形符号，即泡泡图或功能分区图把别墅庭院植物的主要功能和空间关系在图面上表达出来。这些符号不具有尺度和比例，只是将设计师的初步构思以图解的方式加以形化、物化，反映的是基地上植物功能空间的相互位置和关系。为了辅助图示说明，一般还会加上文字的注解说明。

绘制现状分析图阶段，主要是明确植物材料在空间组织、造景、改善基地条件等方面的作用，一般不考虑不同的功能空间需使用何种植物，或单株植物的具体配置形式；只需关注植物在合适位置的功能，如障景、庇荫、分割空间或成为视线焦点，以及植物功能空间的相对面积大小等问题。为了使设计效果达到最佳，往往需要拟定几个不同的功能分区图加以比较。通过对场地调研和测绘，绘制场地基址现状分析图（图9-35）、基地小气候分析图（图9-36）。

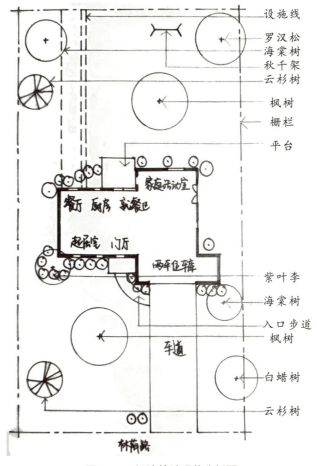

图9-35　场地基址现状分析图

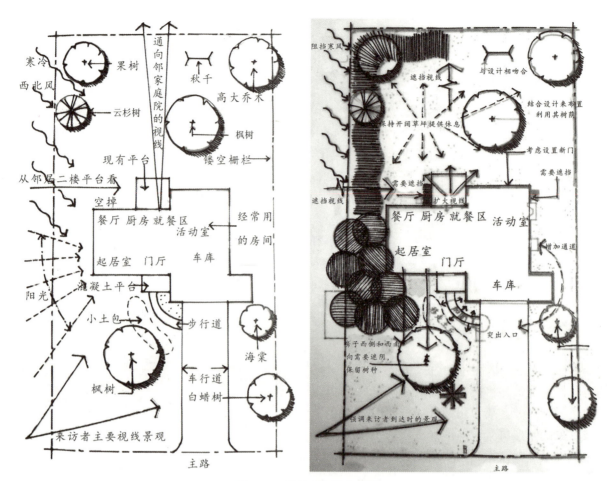

图9-36 基地小气候分析图

四、绘制功能分析图

根据现状分析及设计要求和意向，确定基地的各功能分区，绘制不同形式的功能分析图（图9-37）。在此功能分析图的基础上，根据植物造景的原则和步骤，依据植物的功能，确定植物的功能分区，即根据各分区的功能确定植物的主要配置方式。

在确定主要功能分区的基础上，植物分为防风屏障、视觉屏障、隔声屏障、开阔草地及蔬菜种植地等。

五、绘制植物种植分区规划图

绘制植物分区规划图，就是对每个功能区块内部进行细部设计。其具体做法：将每个功能区块分解为若干个不同的区域，对每个区域内植物的类型、种植形式、大小、高度等进行分析和确定。在功能图解基础上，每个功能区块被划分得更为详细，对植物的基本要求也得以明确。

绘制植物种植分区规划图具体包括如下步骤：

（1）在功能图解基础上，进一步细分种植范围，并注意相邻区域之间的过渡与联系。

（2）确定种植区域的植物类型，如种植乔木或灌木、地被、花卉等，或种植常绿或落叶的植物等，此时，仍然无需确定具体选择何种植物。

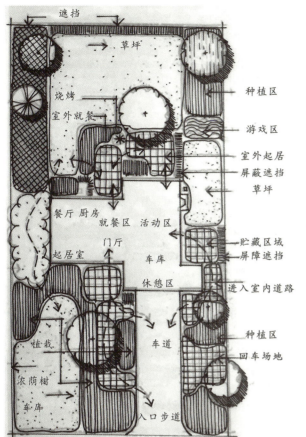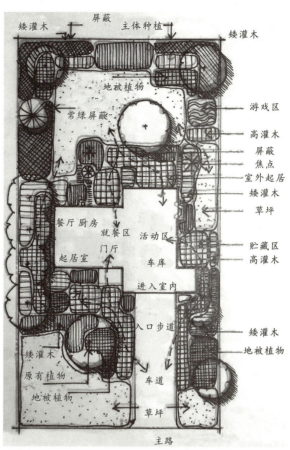

图 9-37　植物功能分析图

（3）进行空间视线分析，主要是为了进一步明确植物的层次组合与空间过渡关系，一般也是用概括的方式，做出植物的立面组合图示，进行抽象的比较与分析。为了获得良好的视觉效果，应考虑到不同方向和视点的视觉效果。

（4）对植物的色彩和质地进行分析，这可以为后面选择合适的植物提供可靠的依据，也能进一步明确植物景观的总体视觉效果。

结合基地现状及植物功能分区的分析基础上，将各个功能分区继续深入设计，并确定各个区域植物的种植形式、种类、大小、高度、形态、色彩等具体内容，充分考虑植物空间景观设计（图 9-38）。

六、绘制园林种植初步设计图

1. 植物选择

在进行植物选择时，首先，应根据基地的自然条件，如光照、水分、土壤等，选择合适的植物，使植物的生态习性与别墅庭院生境相适应。

其次，小庭院植物选择应兼顾植物多方面的功能需求，植物在空间中往往不只需要满足一种功能，如在别墅庭院中主要用于遮阴的植物，同时还是空间的视觉焦点，因而要选择具有较高观赏价值的大型乔木。

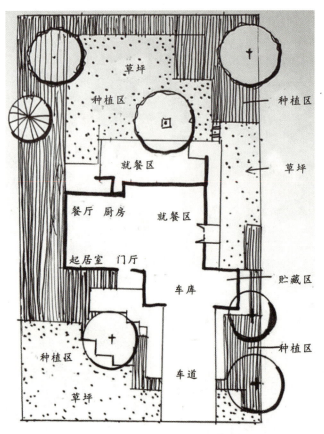

图 9-38　植物分区规划图

再次，别墅庭院植物选择应考虑苗木的来源、规格和价格等因素，应以基地所在地区的乡土植物种类为主，也可考虑已被证明能适应本地生长条件的长势良好的外来或引进的植物种类。

最后，植物的选择还应与别墅庭院的风格和环境相适应，形成富有个性的植物种植空间。

为了取得统一的效果，别墅庭院植物还应确定出基调树种。因别墅庭院面积不大，基调树种不宜过多，以 1 种或 2 种为宜。在小庭院中大量种植，以数量来体现别墅庭院的植物种植基调。根据别墅庭院的功能空间布局，选择其他树种作为丰富和补充，形成既统一又富有变化和层次的植物景观。

2. 植物种植初步平面图

以园林种植分区规划图为基础，确定植物的名称、规格、种植方式、栽植位置等。

（1）确定植物冠幅。别墅庭院种植设计图一般按 1 ：50 ～ 1 ：500 的比例作图，乔灌木的冠幅以成年树树冠的 75% ～ 100% 绘制。绘制成年树冠幅一般可大致分为以下几种规格：

①乔木。大乔木 8 ～ 12 m，中乔木 6 ～ 8 m，小乔木 3 ～ 5 m。

②灌木。大灌木 4 m，中灌木 1 ～ 2.5 m，小灌木 0.3 ～ 1 m。

（2）植物布局形式与要点。在进行小庭院植物景观布局时，首先，应把握的就是群体性的原则，即将植物以组群的方式布局在小庭院中。要根据基地的自然状况，如光照、水分、土壤等，选择适宜的植物，即植物的生态习性与生境应该对应。其次，植物的选择应该兼顾观赏和功能的需要。如根据植物功能分区，建筑物的西北面栽植云杉形成防风屏障，建筑物的西南面栽植银杏，满足夏季遮阴、冬季采光的需要；基地南面铺植草坪、地被，形成顺畅的通风环境。每一处植物景观都应观赏与实用功能兼备，最大限度地发挥植物景观的效益（图 9-39）。

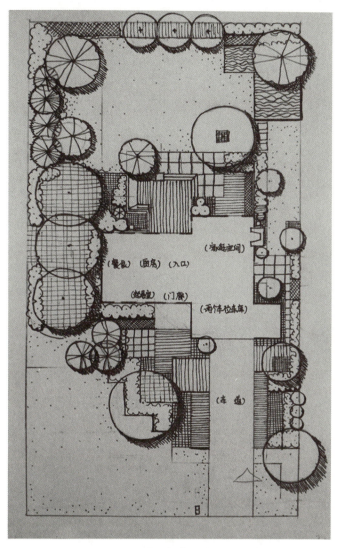

图 9-39 种植初步设计平面图

七、绘制园林种植设计平面图

在绘制小庭院种植设计平面图时，要使用标准的植物图例。在同一张图纸中，植物图例的表示方法不宜太多。植物名称可以直接写在植物的冠幅内，若植物的冠幅较小，则就近写在一边，一般不提倡用数字编号进行标注。图纸要求在小庭院园林种植设计图中还应标明每株植物的准确位置，植物栽植的具体位置通常称为定植点。定植点常用树木平面图例的圆心表示，同一树种若干株栽植在一起可用直线将定植点连接起来，在起点或终点位置统一标注植物名称。

这些直线一般互不交叉，不经过园路、水面和建筑。定植点的位置确定应根据国家行业标准，并视实际场地中地下管线、地面建筑物和构筑物的情况而定。另外，定植点一般不点在等高线上，乔木定植点一般距路牙和水体驳岸不小于 0.75 m，灌木则视其冠幅大小而定，一般不宜距离路牙和驳岸太近，以免影响灌木的生长或给使用者带来不便。

详细设计阶段应该从植物的形状、色彩、质感、季相变化、生长速度、生长习性等多个方面进行综合分析，以满足设计方案中各种要求。首先，核对每一区域的现状条件与所选植物的生态习性是否匹配，是否做到了"适地适树"。其次，从平面构图角度分析植物种植方式是否满足观赏的需要，植物与其他构景要素是否协调。例如，就餐空间的形状为圆形，如果要突出和强化这一构图形式，植物最好采用环植的形式。再次，从景观构成角度分析所选植物是否满足观赏的需要，植物与其他构成元素是否协调，这些方面最好结合立面图或效果图来分析。最后，进行图面的修改和调整，各小组完成园林种植设计图（图 9-40），并填写植物表，编写设计说明。

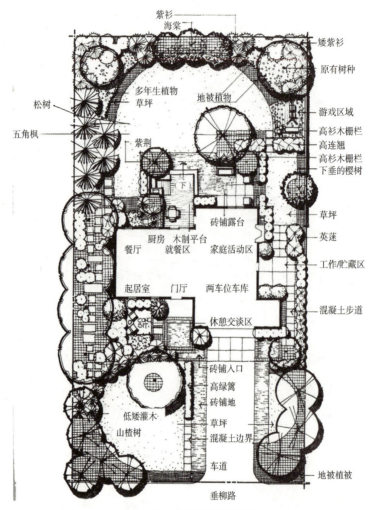

图 9-40 种植设计平面图

 **提升训练**

➤ 训练任务及要求

（1）训练任务。图 9-41 所示为东北地区某私家庭院平面图（一层）。该项目地块总用地面积约 300 m^2，其中可绿化面积约为 110 m^2，根据对该项目的理解，按照小庭院植物造景的步骤，利用小庭院植物造景的构思和方法，合理地进行植物造景，独立完成该庭院的植物景观设计平面图。

（2）任务要求。

①小庭院植物造景风格要注意与整体建筑的布局风格、功能需求保持一致。

②植物与其他景观要素的搭配要合理，满足甲方的设计要求。

③所选植物要符合当地自然环境，依据适地适树原则，在满足绿化和美化的基础上，充分考虑季相和色彩变化，创造出更好的植物景观。

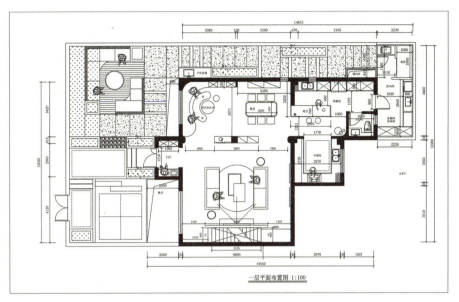

图 9-41　东北地区某私家庭院平面图（一层）

考核评价

考核评价表

评价类别	评价内容		学生自评（20%）	组内互评（40%）	教师评价（40%）
过程考核（50分）	专业能力（40分）	植物选择能力（10分）			
		植物搭配能力（10分）			
		图纸表现能力（20分）			
	职业素养（10分）	工作态度（5分）			
		团队协作（5分）			
成果考核（50分）	方案创新性（10分）				
	方案完整性（10分）				
	方案规范性（10分）				
	汇报展示（20分）	汇报思路清晰，逻辑结构合理（5分）			
		语言表达流畅、简洁，行为举止大方（10分）			
		PPT制作精美、高雅（5分）			
总评				总分	
	班级		第　　组	姓名	

基础篇

实战篇

任务十　屋顶花园的植物造景

学习目标

➤ 知识目标

（1）掌握屋顶花园的概念及其分类；
（2）了解屋顶花园的环境特点；
（3）掌握屋顶花园的植物景观营造方法及种植区的建造技术。

➤ 技能目标

（1）能够结合屋顶花园自身环境特点，运用植物景观营造方法，选择合适的植物种类；
（2）能够运用屋顶花园相关技术、方法，完成屋顶花园的植物景观设计。

➤ 素质目标

（1）全面系统地了解我国屋顶花园的发展，提升园林基本知识方面的素养；
（2）通过屋顶花园设计项目实操，培养学生设计创新能力。

工作任务

● 任务提出

图 10-1 为沈阳市某学校屋顶花园景观设计的平面图，该屋顶花园位于教学楼二楼的挑出阳台，要求根据该屋顶花园具体立地条件、设计要求并结合该花园的设计风格，完成该屋顶花园的植物景观设计。

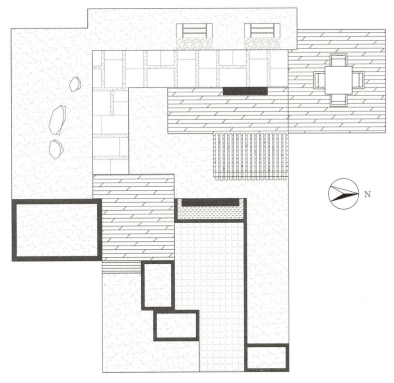

图 10-1　某学校屋顶花园设计平面图

基础篇

实战篇

● **任务分析**

在了解该屋顶花园的具体荷载能力、周围环境的情况下，综合屋顶花园的景观设计风格、主题创意，按照屋顶花园的植物造景设计原则及方法，选择适合的植物种类，进行植物的景观设计。

● **任务要求**

（1）植物选择合理，满足其立意构思和功能要求。

（2）运用植物造景的基本方法，对植物进行合理搭配。

（3）表达清晰、准确，与景观立意构思一致，有创意，图纸绘制规范。

（4）完成屋顶花园植物景观设计平面图一张。

● **材料和工具**

测量仪器、手工绘图工具、绘图纸、绘图软件（AutoCAD）、计算机等。

知识准备

一、屋顶花园的概念及作用

（一）屋顶花园的概念

屋顶花园是指在高出地面以上，周边不与自然土层相连的各类建筑物、构筑物等的顶部及天台、露台、架空层上的绿化。与普通造园不一样的是，屋顶花园的种植土壤不与大地的土壤连接。它是不封闭的，受外界光、温、水、气等环境直接影响，不包含室内的封闭阳台和建筑内部中庭。

（二）屋顶花园的作用

屋顶花园具有调节小气候、净化空气、降低室温、美化城市、增加绿地面积、缓解城市热岛效应，延缓防水层劣化、蓄收利用雨水资源及营造良好的生活环境和工作环境等作用。

1. 改善局部生态环境

保证特定范围内居住环境的生态平衡和良好的生活环境。据调查统计，绿化地带和绿化屋顶，可以通过土壤的水分和生长的植物，降低约80%的自然辐射，以减少建筑物所产生的副作用。联合国环境署曾有研究表明，如果一个城市的屋顶绿化率达到70%以上，城市上空的二氧化碳量将下降80%，热岛效应会消失。屋顶花园可以抑制建筑物内部温度的上升，增加湿度，防止光照反射、防风，对小环境的改善有显著效果。

2. 保护建筑构造层

平屋面建筑屋顶构造的破坏多数情况下是由屋面防水层温度应力引起，还有少部分是承重物引起。温度变化会引起屋顶构造的膨胀和收缩，使建筑物出现裂缝，导致雨水渗入。空气温度迅速变化对建筑物危害极大，建筑物的荷载量会因温度变化而减小，寿命也会缩短。如果将屋顶进行绿化，不但可以调节冬季、夏季的极端温度，还可以对建筑物起到很好的保护作用，延长其使用寿命。

3. 减轻城市排水系统压力

屋顶绿化可以通过蓄水，减少屋面泄水，减轻城市排水系统的压力。建设城区时，地表水都会因建筑物而形成封闭层，降落在建筑表面的水按惯例都会通过排水装置引到排水沟，这样会造成地下水的显著减少，随之而来的是水消耗持续上升，这种恶性循环最终导致的结果是地下水资源的严重枯竭。当大面积屋顶被绿化时，屋面排水可以大量减少。

二、屋顶花园的类型

基于不同的分类依据，屋顶花园可划分成不同的类型，具体而言，目前国际上有以下分类方法。

1.按使用功能分

（1）公共游憩型屋顶花园。公共游憩型屋顶花园是国内外屋顶花园建设中一种常用的形式。这种形式的屋顶花园在具有生态效益的同时为人们提供了一处休闲娱乐的场所。屋顶花园的设计遵循以人为本的原则，无论是园路的设计、植物的配植还是小品的安放都充分考虑人们在屋顶上休息活动的需要。草坪、小灌木花卉等植物的配置，在美化环境的同时又不失其生态性。著名的公共游憩型屋顶花园有澳大利亚墨尔本大学伯恩利公共屋顶花园、中国香港的天台花园等。

（2）营利型屋顶花园。营利型屋顶花园大多建设于星级宾馆、饭店、酒店的屋顶上，主要是为顾客增设娱乐、露天餐饮、夜生活等环境而设置的。这类屋顶花园通常具有设备复杂、功能多、投资大、档次高的特点。其设计的目的就是招揽游客，获取经济利益。此类屋顶花园往往以精巧的布局凸显酒店档次和品位，并且保证最大限度的活动空间，例如美国曼哈顿的迷你屋顶花园，该花园是自然和人工元素之间的融合：一座有机的山丘悬浮在一个抽象的建筑网格里，打破了典型的城市景观；长满草的山丘上有凹陷的座位和表演舞台，一个照明塔照亮空间并作为地平线上的标志，一个全景酒吧俯瞰哈德逊河；地板上使用了发光的地毯，只要踩上去，就会有充满梦幻感的柔和亮光在脚下亮起（图10-2）。

图10-2　美国曼哈顿迷你屋顶花园

（3）家庭型屋顶小花园。家庭型屋顶小花园的发展得益于人们的居住条件不断改善。人们对舒适环境的要求日益增加，希望拥有自己的绿色空间，于是出现了这类家庭屋顶小花园。家庭式屋顶花园面积一般不是很大，充分利用植物与家具的组合，或是以植物小景变化进行趣味种植，布局可以多变，满足不同的使用要求，创造别有韵味的环境。

（4）科研型屋顶花园。科研型屋顶花园往往是为培育不同的花卉、观赏植物及食用瓜果等而设置的。这类屋顶花园常以规则形式布局的栽植区域组成，配有必要的种植池、喷洒设备及合理的步道等。科研人员通过此类屋顶空间进行农副业生产，在增加绿色覆盖率的同时可以提高人们的经济收入。此类屋顶花园主要用于科研生产，以园艺、园林植物的栽培繁殖实验为主。

2. 按屋顶形式分

（1）坡屋面绿化。建筑的屋面坡度大于 5% 的屋顶，被定义为坡屋顶，一般分为两种：人字形坡屋面和单斜坡屋面。种植草皮或选用容易种植且易于造型与后期养护的藤本植物是此类建筑屋顶常用绿化形式。对坡屋面进行绿化，可以起到调节空气、增加建筑亲近感的作用（图 10-3）。

图 10-3　沈阳市图书馆的坡面屋顶花园

（2）平屋面绿化。平屋面在现代建筑中比较常见，所以，它也是屋顶花园最为常见的屋顶空间。平屋面屋顶花园可以是设有各类植物并配以水池、廊架、室外家具等小品的庭院式形式，常被建于酒店、办公楼及居住区公共建筑的屋顶花园（图 10-4）；它也可以是沿屋顶女儿墙四周设计 0.3～0.5 m 种植槽，在屋顶四周种植高低层次不同、疏密有致的花木，在屋顶中间留出可供人们活动的空间，这种布局方式常用于住宅楼、办公楼的屋顶花园；它还可以是布置灵活的盆栽式，常被用于家庭屋顶空间。

图 10-4　沈阳市 K11 商场的平屋顶花园

三、屋顶花园的环境因子

影响屋顶花园营建的生态因子包括土壤、温度、光照、空气湿度和风，与地面绿化的传统的环境因子有所差异，具有自身独特的特点。

（一）土壤

土壤因子是屋顶花园与平地花园差异较大的一个因子。由于受建筑物结构的制约，一般屋顶花园的荷载只能控制在一定范围内，土层厚度不能超出荷载的标准。较薄的种植土层，不仅极易干燥，使植物缺水；而且土壤养分含量较少，需定期添加土壤腐殖质。

（二）温度

由于建筑材料的热容量小，白天接受太阳辐射后迅速升温，晚上受气温变化的影响又迅速降温，致使屋顶上的最高温度高于地面最高温度，屋顶上的最低温度又低于地面的最低温度，日温差和年均温差均比地面变化大。过高的温度会使植物的叶片焦灼、根系受损，过低的温度又会给植物造成寒害和冻害。但是，一定范围内的温差变化也会促使植物生长。夏季昼夜温差大，土壤温度高，肥料容易分解，对植物生长有利。

（三）光照

屋顶光照充足，光照强，接受日辐射较多，为植物光合作用提供了良好环境，利于阳性植物的生长发育。同时，建筑物的屋顶上紫外线较多，日照长度比地面显著增加，这就为植物，尤其为沙生植物的生长提供了较好的环境。

（四）空气湿度

屋顶上空气湿度差异较大。一般而言，低层建筑上的空气湿度同地面差异很小，而高层建筑上的空气湿度由于受气流影响大，往往明显低于地表。干燥的空气往往成为一些喜湿润植物生长的限制因子。

（五）风

屋顶上空气流通，易产生较强的风，而屋顶花园的土层较薄，乔木的根系不能向纵深处生长，故选择植物时，应以浅根性、低矮而又抗强风的植物为主。

四、屋顶花园植物景观营造

（一）屋顶花园的植物选择原则

1. 选择耐旱、抗寒性强的矮灌木和草本植物

屋顶花园夏季气温高、风大，土层保湿性能差，冬季则保温性能差，因而应选择耐干旱、抗寒性强的植物为主；同时要考虑到屋顶的特殊地理环境和承重的要求，应注意多选择矮小的灌木和草本植

物，以利于植物的运输、栽种和养护。

2. 选择阳性、耐瘠薄的浅根系植物

屋顶花园大部分地方为全日照直射，光照强度大，植物应尽量选用阳性植物；但在某些特定的小环境中，如花架下面或靠墙边的地方，日照时间较短，可适当选用一些半阳性的植物种类，以丰富屋顶花园的植物品种。屋顶的种植层较薄，为了防止根系对屋顶建筑结构的侵蚀，应尽量选择浅根系的植物。因施用肥料会影响周围环境的卫生状况，故屋顶花园应尽量种植耐瘠薄的植物种类。

3. 选择抗风、不易倒伏、耐积水的植物种类

屋顶上空的风力一般较地面大，特别是雨季或台风来临时，风雨交加对植物的生存危害最大，加上屋顶种植层薄，土层的蓄水性能差，一旦下暴雨，易造成短时积水，故应尽可能选择一些抗风、不易倒伏，同时又能耐短时积水的植物。

4. 选择以常绿植物为主，冬季能露地越冬的植物

营建屋顶花园的目的是增加城市的绿化面积，因此，屋顶花园的植物应尽可能以常绿植物为主，宜用叶形和株形秀丽的品种。为了使屋顶花园更加绚丽多彩，体现花园的季相变化，还可适当栽种一些彩叶植物。另外，在条件许可的情况下，可布置一些盆栽的时令花卉，使花园四季有花。

5. 尽量选用乡土植物，适当引种绿化新品种

乡土植物对当地的气候有较强的适应性，在环境相对恶劣的屋顶花园，选用乡土植物有事半功倍之效。同时，考虑到屋顶花园面积一般较小，为将其布置得精致，可选用一些观赏价值较高的新品种，以提高屋顶花园的档次。

（二）屋顶花园植物种植层的厚度

应根据选择的植物种类不同，科学设计种植区结构并确定种植土的合理配比。表 10-1 为满足植物基本生存所需的最低土壤条件，种植层的厚度应尽可能大于下表所列的最小值。草坪和乔木之间应以斜坡过渡。

表 10-1　各类植物生存及生长的种植土最小厚度、排水层厚度与平均荷载值

类别	单位	草坪	花卉或小灌木	大灌木	浅根乔木	深根乔木
植物生存种植土最小厚度	cm	15	30	60	60	90～120
植物生长种植土最小厚度	cm	30	45	90	90	120～150
排水层厚度	cm	5～10	10	20	20	30
平均荷载（种植土堆积密度按 1 000 kg/m³ 计）	kg/m³（生存）	150	300	600	600	600～1 200
	kg/m³（生长）	300	450	900	900	1 200～1 500

（三）屋顶花园植物种植方式

屋顶花园植物种植方式主要有地栽、盆栽、桶栽、种植池栽和立体种植（栅架、垂吊、绿篱、花廊、攀缘种植）等。选择种植方式时不仅要考虑功能及美观需要，而且要尽量减小非植物重量（如花盆、种植池之重）。多用垂直绿化可以利用空间，增加绿量。绿篱和栅架不宜过高，且其每行的延伸方向应与常年风向平行。如果当地风力常大于 20 m/s，则应设防风篱架，以免遭风害。

（四）屋顶花园的植物配置形式

1. 简单式

简单式屋顶花园是在承载力较小的屋顶上利用草坪、地被、小型灌木和攀缘植物进行造园，它就像一个活的"植物毯子"，建造速度快、成本低、质量轻，并且几乎不用维护，每年只要检查 1～2 次，多用于旧楼改造和高低交错时底层屋顶的绿化。因种植层厚度多在 30 cm 以下，故以选择耐干旱、绿期长的地被植物种植为主，因其注重整体视觉效果，内部可根据现状不设或少设园路，只留出管理用通道。

2. 组合式

组合式屋顶花园适用于可以看得见的屋顶，且建筑屋顶静荷载 ≥ 250 kg/m² 的建筑物。此种屋顶花园以提高人在屋顶活动的参与性和舒适度为原则，以植物造景为主，选择耐修剪的乔（不包括乔木类的高大树木）、灌、草植物，充分展示多种植物配置形式。它需要定期灌溉和维护，屋顶上可以留小路和庭院供人们行走、停留。

3. 花园式

这类屋顶绿化对屋顶的荷载要求较高，一般不低于 500 kg/m²。它为人们提供休闲和运动的空间，通常可以加入植物、亭子、水池、假山和木椅等各种园林设计元素，但花架、山石、水景等较重的物体都应设计在墙、柱、梁等位置，地面也可以设计出微地形。植物采用乔、灌、草结合的复层配植方式，产生比较好的生态效益和景观效果。由于其景观形式丰富，需要经常维护和保养。

五、屋顶花园种植区的建造技术

屋顶花园必须考虑屋顶的安全和实用问题，这也是能否成功建造屋顶花园的两大因素，其中关键技术是如何解决承重和防水。

种植区是屋顶花园中最重要的组成部分之一，它的合理构造是决定屋顶花园植物能否正常生长的保证。屋顶花园的种植物构造由上至下分别由植被层、基质层、隔离过滤层、蓄排水层、保湿层、阻根层、防水层等组成（图 10-5）。

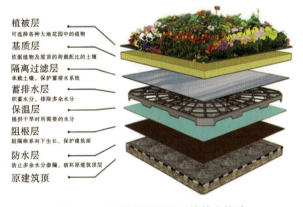

图 10-5　屋顶花园种植区的基本构造

（一）植被层

植被层即适合屋顶栽植的各种植物，包括乔木、灌木、草坪、地被植物、攀缘植物等。

（二）基质层

屋顶花园的基质层是能满足植物良好生长要求的土壤层。它应当具有较低的水饱和堆积密度，同时介质粗细要适中：若太粗，则保水保肥性能差；若太细，则透气性能差。无论介质偏粗还是偏细，均不利于植物生长。另外，它还应具有良好的渗透、蓄水性能和一定的空间稳定性。屋顶花园树木栽植的基质除要满足提供水分、养分的一般要求外，应尽量采用轻质材料，以减少屋面载荷。常用基质有田园土、泥炭、蛭石、木屑等，见表 10-2。轻质人工土壤的自重轻，多采用土壤改良剂以促进形成团粒结构，这种结构的保水性及通气性良好，且易排水。

表 10-2　常见栽培基质性能

图例	材料名称	优点	缺点
	土壤	营养丰富，固根力好	堆积密度较大
	蛭石	堆积密度较小，疏松透气，透水性好	易破碎、不耐压
	泥炭土（草炭）	堆积密度相对较小，肥力高，呈酸性，保水力强	易分解流失，成本高，固根力差
	腐熟锯木屑	堆积密度小，富含有机质和微量元素，经济，易取材	固根性差
	珍珠岩	堆积密度小，透水性好，保水、排水性强	本身肥力低，易破碎

屋顶绿化基质荷载应根据湿堆积密度进行核算，不应超过 1 300 kg/m³。常用的基质类型和配制比例见表 10-3，可在建筑荷载和基质荷载允许的范围内，根据实际酌情配比。

表 10-3　常用基质类型和配置比例参考

基质类型	主要配比材料	配置比例	湿堆积密度（kg/m³）
改良土	土壤、轻质骨料	1：1	1 200
	腐叶土、蛭石、沙土	7：2：1	780 ～ 1 000
	土壤、草炭、（蛭石和肥）	4：3：1	1 100 ～ 1 300
	土壤、草炭、松针土、珍珠岩	1：1：1：1	780 ～ 1 000
	土壤、草炭、松针土	3：4：3	780 ～ 950
	轻砂壤土、腐殖土、珍珠岩、蛭石	2.5：5：2：0.5	1 100
	轻砂壤土、腐殖土、蛭石	5：3：2	1 100 ～ 1 300
超轻量基质	无机介质	—	450 ～ 650

（三）隔离过滤层

为了防止种植基质中较细的土壤颗粒随雨水冲刷流失，堵塞蓄（排）水板和排水管道系统，必须在基质层下设置隔离过滤层用于阻止基质进入排水系统。隔离过滤层采用兼具透水和过滤性能的材料，在基质层下，排（蓄）水层之上，搭接缝的有效宽度应达到 10 ～ 20 cm，并向建筑侧墙面延伸至基质表层下方 5 cm 处。

（四）蓄排水层

蓄排水层铺设在防水层之上，隔离过滤层之下，用于改善种植基质的透气状况，快速排出土中多余的滞水，避免积水对建筑和植物的双重伤害。排水层多选用 HDPE（高密度聚乙烯）、HIPS（耐冲击聚苯乙烯）及凹窝型复合材料等，它具有蓄水和排水双重功能。这种产品设计的特点：质量轻、透气、耐腐变，能起到良好顺畅的排水作用，同时还可储存一定量的水分供植物生长。

（五）保湿层

从种植基质渗透到下面的水分，可通过保湿毯的吸收作用而得到一定量的保留，当上层的种植基质缺水时，保湿毯富含的水分便可以反向蒸发到土壤里面，增加土壤的湿润度和氧气饱和度，以供植物生长之需；另外，保湿毯又可以保护下面的阻根层和屋面防水层。保湿毯施工铺设时无需搭接，相邻排列紧密即可。

（六）阻根层

阻根层防止植物根系穿透防水层而造成屋面防水系统功能失效。阻根层材料一般选择合金、橡胶、PE（聚乙烯）和 HDPE（高密度聚乙烯）等。阻根层铺设在蓄（排）水层下，搭接宽度不小于 100 cm，并向建筑侧墙面延伸 15～20 cm。对于刚性防水屋面或具有阻根作用的柔性防水屋面，阻根层可以省略。

（七）防水层

有效和可靠的防水层是屋顶花园建造成功的关键，如果不慎发生渗漏事故而进行维修，将导致运作良好的其他各层被同时翻起，从而造成经济上的损失，所以必须保证屋顶花园的防水质量。建造屋顶花园时，必须进行二次防水处理。首先，要检查原有屋面的防水性能，进行 96 h 的严格闭水试验。目前，我国屋顶花园的防水有柔性防水和刚性防水之分，二者各有特点，宜优先选择耐植物根系穿刺的施工做法和防水材料。

1. 柔性防水

屋顶花园常用"三毡四油"或"二毡三油"再结合聚氯乙烯泥或聚氯乙烯涂料处理，也有用 PEC 高分子防水卷材粘贴而成的防水层，铺设防水材料应向建筑侧墙面延伸，高于基质表面 15 cm 以上。市面常见的高聚物改性沥青防水卷材有 SBS 改性沥青防水卷材、APP 改性沥青防水卷材等；合成高分子防水卷材有三元乙丙橡胶防水卷材、聚氯乙烯防水卷材等。

2. 刚性防水

刚性防水层主要是在屋面板上铺上 5 cm 厚的细砂混凝土，内放 φ4@200 双向单层钢筋网，所用混凝土中加入适量微膨胀剂、减水剂、防水剂等，以提高其抗裂、抗渗性能。这种防水层比较坚硬，能有效防止根系发达的乔灌木穿透，起到保护屋顶的作用；而且屋顶整体性好，不易产生裂缝，使用寿命也长。刚性防水层因受屋顶热胀冷缩和结构楼板受力变形等影响，易出现不规则裂缝，为解决这个问题，一般可以用设置浮筑层和分格缝的方法解决。

项目实施

本屋顶花园旨在学生紧张的学习之余，为学生提供一个用以放松、游憩、交流的休闲空间。设计师在进行植物景观设计时结合该屋顶花园设计方案的风格和主题创意，巧妙地运用植物分隔、联系各个分区，满足学生和教师在屋顶花园赏景、休息的需求。

一、选择适宜的植物种类

由于该屋顶花园空间较小、屋顶荷载量有限，植物选择应以中小型植物为主，乔、灌、草混合搭配，以体现植物造景的层次感。在确定以绿色为基色调的基础上搭配金叶、紫叶的彩叶植物，丰富空间色彩，创造轻松活泼的绿化空间。与此同时，为了符合北方的气候特点，该花园还选用了造型油松、元宝枫、光辉海棠及宿根花卉搭配栽植，以体现丰富的季相变化。

二、完成植物造景方案

在已选定植物品种的基础上展开植物景观设计，植物的设计形式主要结合屋顶花园现代简约的设计风格，以直线为主、曲线为辅，并在相应的转角处搭配简约植物组团，形成视线焦点，使该屋顶花园整体设计形式融合统一（图10-6）。

图10-6　某校园屋顶花园植物景观设计平面图

 提升训练

➤ 训练任务及要求

（1）训练任务。图10-7所示为当地某商场为顾客提供的屋顶休闲空间，要求设计人员运用植物结合硬质景观，打造丰富的空间层次感，植物选择要考虑季相变化，适当加以艳丽色彩点缀，满足不同人群的心理需求，给人们轻松、愉悦的美好体验。

（2）任务要求。

①植物选择要合理，能够适应该屋顶花园的环境因子。

②植物景观设计要符合方案风格，保持一致。

③组员用AutoCAD独立完成该商场屋顶花园植物景观设计方案。

④全员参与、分工合理，组长汇总图纸并制作PPT（PPT要图文并茂，思路清晰）。

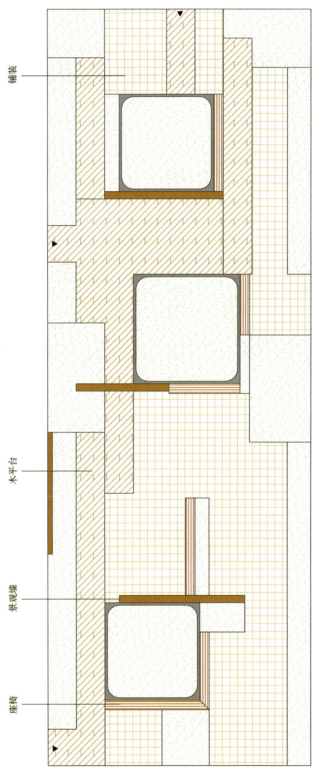

图 10-7　某商场屋顶花园硬质方案平面图（单位：m）

铺装

木平台

景观墙

座椅

N

0　　2　　4　　6

 考核评价

考核评价表

评价类别	评价内容		学生自评（20%）	组内互评（40%）	教师评价（40%）
过程考核（50分）	专业能力（40分）	植物选择能力（10分）			
		植物搭配能力（10分）			
		图纸表现能力（20分）			
	职业素养（10分）	工作态度（5分）			
		团队协作（5分）			
成果考核（50分）	方案创新性（10分）				
	方案完整性（10分）				
	方案规范性（10分）				
	汇报展示（20分）	汇报思路清晰，逻辑结构合理（5分）			
		语言表达流畅、简洁，行为举止大方（10分）			
		PPT制作精美、高雅（5分）			
总评				总分	
	班级		第　组	姓名	

任务十一　小游园的植物造景

学习目标

➤ 知识目标

（1）了解小游园的概念及其景观特征；

（2）了解小游园的功能分区；

（3）理解小游园的植物景观设计原则；

（4）掌握小游园植物景观营造的要求。

➤ 技能目标

（1）能够根据小游园的功能分区进行植物景观设计；

（2）能够对小游园进行出入口植物景观设计、园路植物景观设计。

➤ 素质目标

（1）充分认识小游园的园林文化和艺术价值和魅力，践行生态文化思想；

（2）培养热爱生态、热爱中国园林文化的情感，增强文化自信。

 工作任务

● 任务提出

图 11-1 所示为沈阳市某高校小游园景观设计平面图，占地面积约 3 300 m²。该游园集园林工程课程的教学、师生户外休闲活动、美化校园景观等多种功能于一体。

植物配置上，根据植物景观设计原则和基本方法，考虑工程课程的教学、师生户外休闲活动对植物景观设计的需求，选择适合的园林植物种类和植物配置形式进行初步设计。

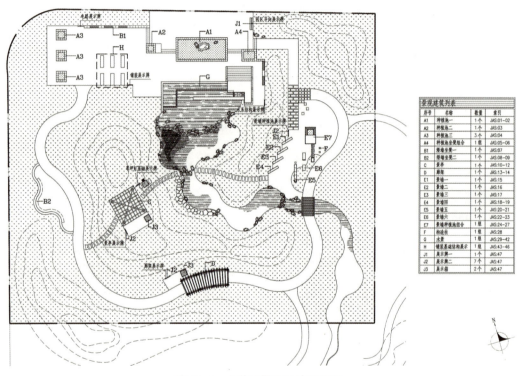

图 11-1　小游园景观设计平面图

● 任务分析

该任务应考虑小游园课前集合广场区、园路铺装展示区、景亭展示区、廊架展示区、种植池展示区、水景展示区、景墙展示区和课间休息区等对景观的不同需求，重点对主要园路铺装展示区、景亭展示区、廊架展示区、种植池展示区、水景展示区进行植物景观配置。根据小游园对植物景观多样性的需求选择植物品种，使植物景观配置能发挥美观、辅助教学和遮荫的功能，体现现代简洁的设计手法，丰富的季相变化等特色。设计之前，应充分了解不同植物观赏特性和生态习性，掌握小游园内乔木和灌木的配置方法和设计要点等内容。

● 任务要求

（1）植物品种的选择应适宜小游园不同功能分区对景观的功能需求。

（2）正确采用植物配置的基本手法，灵活运用自然式和规则式的种植方法。

（3）植物配置表符合各分区的功能要求。

（4）图纸绘制规范，完成小游园植物设计总平面图（CAD 施工图）、小游园植物设计总平面图（彩平）图和若干局部透视效果图。

● **材料和工具**

测量仪器、手工绘图工具、绘图纸、绘图软件（AutoCAD）、计算机等。

知识准备

一、小游园概念及其景观特征

小游园也叫游憩小绿地，是供人们休息、交流、锻炼、夏日纳凉及进行一些小型文化娱乐活动场所，是城市公共绿地的重要组成部分。小游园最亲近市民，方便市民利用的园林绿地。在以混凝土硬质景观为主构成的城市空间中，小游园是城市居民满足休闲需要、放松身心、就近赏景、休息健身的最佳选择。

小游园是独立的城市公共绿地，面积较小，一般不超过 10 000 m²，也有数百平方米，甚至数十平方米的。布置灵活，不拘形式，设施简单，多以种植植物为主，可供居民短时间的休憩，散步之用，面积约为 0.5 ha① 左右，服务半径一般不超过 0.75 km，10 分钟即可到达。

城市小游园的景观特征：城市小游园一般具有如下几个特征：①绿色性，游园必须要有一定规模的植物栽植，这是城市居民亲近自然的重要场所。②公共性，城市小游园是城市的公共空间，具有公共使用性，可供城市居民及外来游客自由使用并且方便可达。③游憩性，游憩功能是城市小游园的重要使用功能，因而必要拥有一定休闲游憩的场所和设施。④功能性，小游园对于城市具有生态、历史、文化等价值，能够发挥形象展示、休闲游憩、科教娱乐、文化艺术、防灾避难等多项功能，对城市生态环境有着重要的意义。城市小游园在丰富街景，美化市容，改善环境，为附近居民提供游憩场地等方面具有重要的作用，是建设现代化城市所不可缺少的项目。

二、小游园功能分区

小游园在功能上包括：具有观赏价值的花草树木和各种硬质景观、舒适的休息空间、儿童嬉戏空间、适当的体育活动空间、可以开展集体活动的开敞空间。应根据小游园的活动内容进行分区布置，一般可分为：入口区、安静休息区、文化活动区、健身区、儿童活动区、观赏游览区、老年人活动区。

小游园内功能区的划分要因地制宜，对规模较大的小游园，要使各功能区布局合理，游人使用方便，各类活动的开展互不干扰；对面积较小的小游园，分区若有困难的，应对活动内容做适当调整，进行合理安排。

三、小游园植物景观营造

（一）出入口植物景观设计

小游园的入口在整个景观设计中举足轻重，应当突出其位置，使路过的人都能够注意到它。例如，在入口处采用引人注目的标识物、铺装或种植醒目的行道树和特殊的植物等方式来突出入口。如

――――――
① 1 ha（公顷）=10 000 m²

图 11-2 所示为世博园中的厦门园，为吸引游人的注意，入口用景墙结合以厦门当地特色植物为主题的框景，形成小游园中最能突出厦门特色的景观。小游园主要出入口大多面向城市主干道，绿化时应注意丰富街景，并与大门建筑相协调，同时还要突出小游园的特色。规则式大门建筑，应采用对称式绿化布置；自然式大门建筑，则要用不对称方式来布置绿化。大门前的集散广场，四周可用乔、灌木绿化，以便夏季遮阴及隔离周围环境；在大门内部可用花池、花坛、灌木与雕像或导游标识牌相配合，也可铺设草坪，种植花灌木，但不应妨碍视线，且须便于通行和游人集散。主入口广场区主要为游人集散使用，要求视线通透，所以主要以花钵和花架上的攀缘植物构成景观。

图 11-2　景墙结合以特色植物为主题的框景

（二）园路植物景观设计

1. 主路

主路绿化，可选用高大荫浓的乔木作为行道树，用耐阴的花卉植物在两侧布置花境，但在配置上要有利于交通，还要根据地形、建筑、景观的需要而起伏、蜿蜒。主路两侧应以乔木为主，适当配置少量花灌木，形成特色景观，如银杏路、合欢路等；如图 11-3 所示，游园的主路两侧以玉兰为主，形成玉兰路，结合花卉在园路两侧形成花径，再加上搭配景石，形成了具有特色的园路植物景观。较长的园路旁，可以用多种植物进行配置，但主景要突出。

图 11-3　主路两侧以玉兰为主结合花径

2. 次路

次路和小道延伸到小游园的各个角落，景观要丰富多彩，达到步移景异的观赏效果。在无景可观的道路两旁，可密植、丛植乔木和灌木，使山路隐蔽在丛林之中，形成林间小道。平地处的园路，可用乔木和灌木树丛、绿篱、绿带分隔空间，使园路两旁景观高低起伏，时隐时现。园路转弯处和交叉口是游人游览视线的焦点，是植物造景的重点部位，可用乔木、花灌木点缀，形成层次丰富的树丛、树群，如图11-4所示，在园路转弯处用花灌木形成树丛，吸引游人前来游览参观。

图11-4 园路转弯处配置花灌木树丛

3. 小路

小路两旁的植物景观应最接近自然状态，可配置色彩丰富的乔、灌木树丛。小路旁栽植乔木不宜超过3种，可与山石、亭、廊等结合；小径宜采用小灌木、花境、地被、山石相结合的方式。

（三）各功能分区植物景观设计

1. 安静休息区植物景观设计

安静区在比较安静的地方，尽量营造随意悠闲，怡然自得的环境。安静休息区主要供游人安静休息、学习、交往或开展其他一些较为安静的活动，如舞太极拳、下棋、散步、聊天等活动，因而也是小游园中占地面积最大、游人密度最小的区域。安静休息区为一个乔灌草相结合、树木相对较密集的区域，常绿乔灌木或藤本的搭配种植可以让这里在冬季也不缺乏绿色，故该区要求树木茂盛、绿草如茵，有较好的植物景观。该区可以当地生长健壮的几个树种为骨干树种，突出周围环境季相变化的特色。在植物配置上，应根据地形的高低起伏和天际线的变化，采用自然式种植，形成树丛、树群和树林。在林间空地中可设置草坪、亭、廊、花架、坐凳等元素。

2. 文化活动区植物景观设计

文化活动区是人流集中的活动区域。在该区开展的多是比较热闹、有喧哗声响、活动形式多样、参与人数较多的文化活动，因而也称为小游园中的闹区，设置有游戏场、表演场、活动广场、跳舞场地等。以上各种设施应根据小游园的规模大小、内容要求，因地制宜进行合理的布局设置。该区要求地形开阔平坦，绿化以花坛、花境、草坪为主，便于游人集散，适当点缀几株常绿大乔木，不宜多种灌木，以免妨碍游人视线，影响交通。在室外铺装场地上应留出树穴，以栽种大乔木。

3. 健身区植物景观设计

该区是比较喧闹的功能区，应以地形、建筑、树丛、树林等与其他各区相隔离。区内可设场地相应的健身设施、太极拳场地、乒乓球台等。该区应注意四季景观，特别是人们使用室外活动场地较长的季节。树种大小的选择应与健身场地的尺度相协调。植物的种植应注意人们对夏季遮阴、冬季沐浴阳光的需要。在人们需要阳光的季节，活动区域内不应有常绿树的阴影。

4. 儿童活动区植物景观设计

在小游园中，儿童游戏场的位置要便于儿童前往和家长照顾，也要避免对居民的干扰，一般设在入口附近，稍靠边远的独立地段。儿童的游戏场不需要很大，但活动场地应铺设草皮或选用持水性较小的砂质土铺地或海绵塑胶面铺地。活动设施既可供孩子玩耍，又可供观赏。

该区绿化可选用生长健壮、冠大荫浓的乔木。在其四周应栽植浓密的乔、灌木与其他区域相隔离。活动场地中要适当疏植大乔木，供夏季遮阴。在出入口可设立塑像、花坛、山石或小喷泉等，配以体形优美、色彩鲜艳的灌木和花卉，以增加儿童的活动兴趣。儿童活动区绿化种植禁止选用以下植物：

有毒植物（花、叶、果等）均不宜选用。有刺植物易刺伤儿童皮肤和刺破儿童衣服的植物，如刺槐、蔷薇等。有刺激性和有奇臭的植物会引起儿童的过敏性反应的植物，如漆树等。易生病虫害及结浆果的植物如榆树、桑树等。另外，儿童活动区夏季庇荫面积应大于活动范围的50%，活动范围内宜选用萌芽力强、直立生长的中高类型的灌木，树木的枝下净高应大于1.8 m。

5. 观赏游览区植物景观设计

观赏游览区往往选择现状用地地形起伏较大、植被等比较丰富的地段设计、布置园林景观。在观赏游览区如何设计合理的游览路线，形成较为合理的动态风景序列，是十分重要的问题。道路的平纵曲线、铺装材料、铺装纹样、宽度变化等都应根据景观展示和动态观赏的要求进行规划设计。应选择现状地形、植被等比较优越的地段，植物景观的设计应突出季相变化特征。植物景观设计要求包括：①以水体为背景，配置不同的植物形成具有不同情调的景致；②利用植物组成群落以体现植物的群落美；③利用借景手法把园外的自然风景引入园内，形成内外一体的景观；④以生长健壮的几个树种为骨干，在植物配置上根据地形的高低起伏和天际线的变化，采用自然式布局；⑤在林间空地可设置草坪、亭、廊、花架、座椅等。

6. 老年人活动区植物景观设计

老人休息活动场可单独设在观赏游览区或安静休息区附近，要求环境优雅、风景宜人，也可靠近儿童游戏场，甚至也可利用小广场或扩大的园路在高大的遮荫树下多设些座椅座凳，便于看报、下棋、聊天。老人活动场要有一定面积的铺装地面，以便开展多种活动。

植物配置应以落叶阔叶树为主，保证夏季有凉荫、冬季有阳光，并应多种植姿态优美、花色艳丽、叶色富于变化的植物，体现丰富的季相变化。

（四）小游园常见的植物景观小品

1. 花坛

用料不多，对维护花木、点缀环境很起作用。花坛可做成各种形状，可以种花，也可栽植灌木和草，还可摆花盆换季。花坛一般用砖、石或混凝土砌筑，有的结合环境外面做水刷石、面砖等饰面。有的用石料堆筑，有的用钢筋混凝土做成立体悬挑式的，台高一般20～40 cm，即可当座凳又可保持水土不流失。

2. 花墙

可增添园景和分隔空间，运用得好，还可在较小的空间里，产生小中见大的效果。花墙可以和花架、花坛、座凳等组合。

3. 花架

除供休息外，并起分隔的作用，也可与花墙、廊子和儿童游戏场结合布置。结构上用钢筋混凝土居多，也有用砖木等其他形式的。

（五）植物景观与园林小品的关系

1. 突出小品主题。

纪念革命烈士为主题的雕塑小品以色叶树丛作为背景，到秋季，色叶树的金色和红色将庄严凝重的氛围渲染得淋漓尽致。

2. 协调小品与周边环境的关系。

以照明功能为主的园灯，分布广、数量多，在选择位置上如果不考虑与其他园林要素结合，将会影响绿地景观的整体效果。如果将其设计在低矮的灌木丛中、高大的乔木下或植物群落的边缘位置，既起到了隐蔽作用，又不影响灯光的夜间照明。

3. 丰富小品艺术构图。

一般体量较大的亭、坐凳、景墙等小品，轮廓线都比较生硬、平直，植物优美的姿态、柔和的枝叶、丰富的自然颜色、多变的季相景观可以软化建筑小品的边界，丰富艺术构图，增添自然美，使整体环境显得和谐有序、动静皆宜。

4. 完善小品功能。

园凳在园林中的主要功能是为游人休息、赏景、提供停歇处。从完善功能的角度考虑，园凳可设在落叶乔木下，既可以遮阴，又不会遮挡休息者视线，使空间更加开阔。

 **任务实施**

一、任务概况

园林工程样板园位于辽宁省沈阳市苏家屯区林盛街道英窝村，规划面积 3 300 m²。该游园集园林工程课程的教学、师生户外休闲活动、美化校园景观等多种功能于一体。园林工程教学样板园项目既是服务于园林工程施工课程的教学产品，又是美化校园景观、服务全校师生户外休闲活动的景观工程作品。该产品包含了土方工程、水景工程、园路铺装工程、建筑小品工程、电气照明工程、绿化种植工程的展示，并且在景观中将各工程要素的主要内部构造进行节点展示，在满足园林工程课程需要的同时，尽量满足园林景观的完整性。该作品是为园林工程施工课程服务的，旨在解决园林工程课程单纯的理论讲授缺少直观性和真实性，学生较难理解各类工程设施内部的构造做法这一现状。为满足园林工程课程的教学需要，该样板园设置了教学展示区，实践操作区和多媒体课堂三部分，通过多种方式创造出真实、直观、生动、标准化、过程化的教学资源与环境，使教学不仅是停留在纸面上，可以让学生在实践中了解园林工程施工与管理的基本流程与组织方法，让学生的组织能力与识图能力得到了提高，最终达到能阅读一般园林工程施工设计图纸，并能够按照图纸施工的能力要求，把教中学，教中做的理念融入其中，遵循了教，学，做一体化的理念。

二、设计构思

考虑小游园课前集合广场区、园路铺装展示区、景亭展示区、廊架展示区、种植池展示区、水景展示区、景墙展示区和课间休息区等对景观的不同需求，重点对主要园路铺装展示区、景亭展示区、廊架展示区、种植池展示区、水景展示区进行植物景观配置。根据小游园对植物景观多样性的需求选择物品种，使植物景观配置能发挥美观、辅助教学和遮荫的功能，体现现代简洁设计手法，丰富的季相变化特色。充分了解不同植物观赏特性和生态习性和小游园内乔木和灌木的配置方法和设计要点等内容。植物配置上，根据植物景观设计原则和基本方法，考虑工程课程的教学、师生户外休闲活动对植物景观设计的需求，选择适合园林的植物种类和植物配置形式进行初步设计。

植物材料的选择考虑工程课程的教学、师生户外休闲活动对植物景观设计的需求，注意植物的季相变化，春季选择了多种观花的乔木和灌木，如山杏、京桃、山楂、光辉海棠、连翘、紫丁香、榆叶梅、金银忍冬等；夏季选择了浓绿的树种搭配彩叶树种，如绿色叶片的国槐、稠李、水曲柳、黄杨和彩叶树种红瑞木、金叶榆、紫叶风箱果；秋季选择了秋色叶树种和观果树种，如五角枫、山楂和金银忍冬；冬季选择了常绿树和观枝干树种，如红皮云杉、红瑞木。为了丰富园内的色彩，植物配置上还选择了一定数量的草本花卉，如金娃娃萱草、鸢尾、玉簪等多年生宿根花卉。图 11-5 ～图 11-9 为园林工程样板园植物种植平面图。

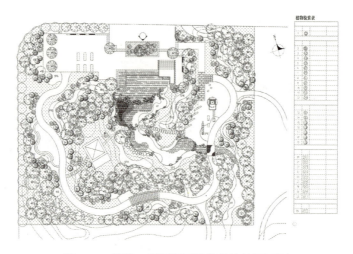

图 11-5　园林工程样板园植物种植总平面图

图 11-6　园林工程样板园乔木种植平面图

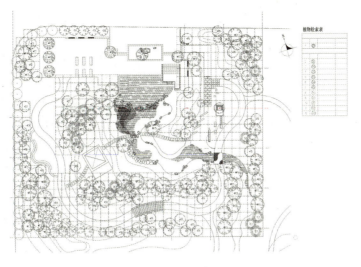

图 11-7　园林工程样板园乔木种植平面图

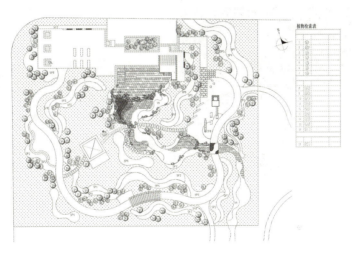

图 11-8　园林工程样板园植物灌木种植平面图

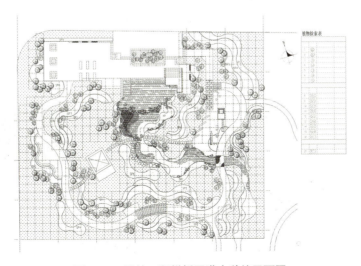

图 11-9　园林工程样板园灌木种植平面图

图 11-10 为园林工程样板园总平面图。在 AutoCAD 线条图的基础上，用 Photoshop 软件进行后期的色彩处理。

图 11-11 为园林工程样板园鸟瞰图，在 SketchUp 软件建模的基础上，用 Photoshop 软件进行效果图的后期处理。从鸟瞰图可以看出，植物配置是以自然式的手法为主，孤植、丛植、群植，局部采用规则式配置，如对植、篱植、列植。

图 11-12 所示为园林工程样板园入口广场透视效果图。在入口对景的山石后，以乔木、灌木和草本花卉为背景，构成立体层次的变化，色彩上以绿色为主，再配以暖色的草本花卉，构成入口重点地段的植物景观。

图 11-10　园林工程样板园总平面图（彩平）

图 11-11　园林工程样板园鸟瞰图

图 11-12　园林工程样板园入口广场透视效果图

图 11-13 为园林工程样板园水景工程展示区透视效果图。在水景展示区的植物配置，注重空间的营造，以密植的树丛和树群为背景，近景为开阔的草坪和疏林草地，形成开阔和郁闭的空间对比。

图 11-14 为园林工程样板园园路工程展示区透视效果图。园路工程展示区的植物配置采用多种手法，在规则式场地周边运用列植和篱植的手法，从而与广场的直线条相协调。远离广场的植物配置以自然式为主，运用了丛植、群植的手法，以密植的树群为园路工程展示区的背景。

图 11-13　园林工程样板园水景工程展示区透视效果图

图 11-14　园林工程样板园园路工程展示区透视效果图

图 11-15 为园林工程样板园廊架展示区透视效果图。廊架展示区的植物景观疏密对比显著，在廊架周围以低矮的草本花卉和草坪构成开阔的空间，并以花卉的暖色调与蓝天和绿树的冷色调构成色彩对比；远离廊架运用乔木和灌木构成树群，形成密植的绿色背景。

图 11-16 为园林工程样板园树池展示区透视效果图。树池内列植国槐，具有整齐和韵律之美。树池展示区背景树丛选用了多种开花乔木，如山杏、京桃、山楂、光辉海棠，丰富了展示区的景观色彩，暖色的花卉与蓝天绿树构成色彩对比。

图 11-15　园林工程样板园廊架展示区透视效果图

图 11-16　园林工程样板园树池展示区透视效果图

图 11-17 为园林工程样板园座椅展示区透视效果图。考虑到座椅休闲区的舒适性，座椅的背景树选用既能开花又有遮阳效果的乔木，如山杏，再配以多种开花灌木，如紫丁香，使得本区域既有遮荫环境又有沁人的花香。

图 11-17　园林工程样板园座椅展示区透视效果图

提升训练

➤ 训练目的

进一步强化小游园的植物景观设计能力，通过本次训练强化学生对植物造景在满足功能要求、生态要求和艺术性要求等方面起到的综合功能作用，并根据植物的生态特性和观赏特性正确地配置植物，并能够完成植物景观设计图纸的绘制。

➤ 训练任务及要求

（1）训练任务。图 11-18 为某高校校园内的小游园平面图，设计范围和现状图如下图所示，其中园林道路、广场和园林景观小品已经规划设计完毕，园区内保留了原有的乔木和灌木，请在此基础上做出小游园内的植物景观设计，能够满足师生在园区观赏、休息、活动等各种需求。

（2）任务要求。

①根据植物景观设计的原则和基本方法，考虑园路小品、休闲场地、园林道路等地物条件对植物景观设计的需求，选择适合园林广场和园路种植的植物种类和植物配置形式进行初步设计。

②应考虑小游园主要出入口、活动区域、主要景观视线等对景观的不同需求，重点对主要出入口及小广场进行植物景观配置。

③每人用 AutoCAD 软件完成该小游园植物景观设计平面图。

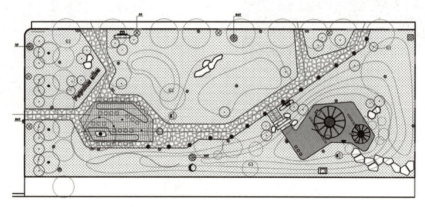

图 11-18　校园内小游园景观规划平面图

 考核评价

考核评价表

评价类别	评价内容		学生自评（20%）	组内互评（40%）	教师评价（40%）
过程考核（50分）	专业能力（40分）	植物选择能力（10分）			
		方案表现能力（30分）			
	职业素养（10分）	工作态度（5分）			
		团队协作（5分）			
成果考核（50分）	方案创新性（10分）				
	方案完整性（10分）				
	方案规范性（10分）				
	汇报展示（20分）	汇报思路清晰，逻辑结构合理（10分）			
		语言表达流畅、简洁，行为举止大方（10分）			
总评					总分
	班级		第　　组	姓名	

任务十二　居住区绿地的植物造景

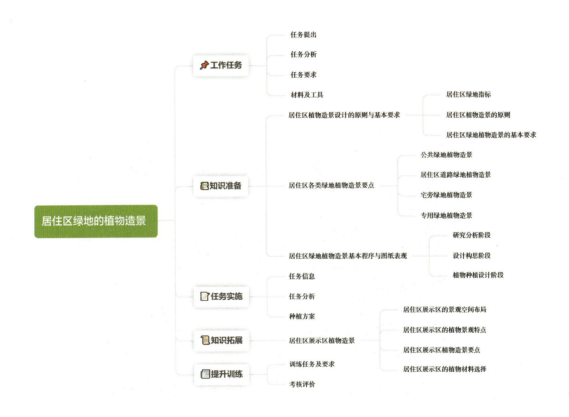

居住区绿地的植物造景

- 工作任务
  - 任务提出
  - 任务分析
  - 任务要求
  - 材料及工具
- 知识准备
  - 居住区植物造景设计的原则与基本要求
    - 居住区绿地指标
    - 居住区植物造景的原则
    - 居住区绿地植物造景的基本要求
  - 居住区各类绿地植物造景要点
    - 公共绿地植物造景
    - 居住区道路绿地植物造景
    - 宅旁绿地植物造景
    - 专用绿地植物造景
  - 居住区绿地植物造景基本程序与图纸表现
    - 研究分析阶段
    - 设计构思阶段
    - 植物种植设计阶段
- 任务实施
  - 任务信息
  - 任务分析
  - 种植方案
- 知识拓展
  - 居住区展示区植物造景
    - 居住区展示区的景观空间布局
    - 居住区展示区的植物景观特点
    - 居住区展示区植物造景要点
    - 居住区展示区的植物材料选择
- 提升训练
  - 训练任务及要求
  - 考核评价

🎯 学习目标

➤ 知识目标

（1）了解居住区植物造景的原则和基本要求；

（2）清楚居住区各类绿地植物造景要点；

（3）掌握居住区植物造景的基本程序；

（4）掌握居住区植物造景的图纸表现。

➤ 技能目标

（1）能厘清居住区植物造景的基本程序和方法；

（2）能根据居住区各类绿地采用不同的设计手法；

（3）能应用居住区植物造景的方法开展植物造景。

素质目标

（1）全面系统地了解我国居住区植物造景的发展，提升园林基本知识方面的素养；

（2）充分认识居住区植物造景的园林文化、艺术价值和魅力，践行生态文化思想；

（3）培养热爱生态、热爱祖国园林文化的情感，增强文化自信。

工作任务

● 任务提出

图 12-1 所示为沈阳恒大华府居住区景观设计平面图，项目定位为中高档高层住宅小区。根据居住区绿地植物造景的原则和基本方法，结合该居住区具体情况开展植物造景设计。设计过程中注意对于居住区内各类绿地类型的分析、布局，植物景观要符合该类型绿地在居住区中的功能。

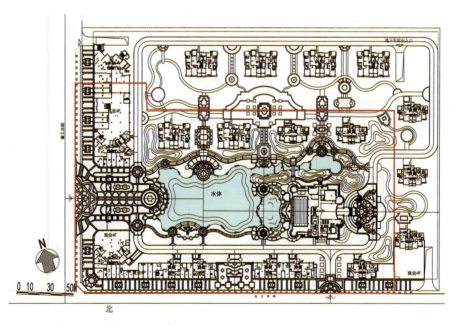

图 12-1　沈阳恒大华府居住区景观设计平面图

● 任务分析

掌握居住区植物造景的基本流程，对项目场地进行研究分析，了解项目的植物造景设计目标。根据居住区绿化指标和设计原则，以及居住区各类绿地植物造景要求，结合场地具体情况进行设计构思，因地制宜选择植物品种，完成该居住区的植物造景设计。

● 任务要求

（1）了解项目要求，看懂居住区景观设计相关图纸，掌握项目概况。

（2）运用居住区植物造景设计的基本方法，合理选择植物品种，营造满足各类绿地使用功能的植物景观。

（3）图纸绘制规范，完成植物种植设计平面图，包含乔木种植设计图、灌木种植设计图，并绘制居住区植物配置表和效果图等。

● **材料和工具**

（1）手工绘图材料与工具：丁字尺、比例尺、三角板、绘图纸、模板工具等。

（2）计算机绘图工具：AutoCAD 绘图软件和 Photoshop 绘图软件。

知识准备

一、居住区植物造景设计的原则与基本要求

（一）居住区绿地指标

居住区绿地指标是人们衡量居住区环境质量的重要依据，也间接地反映了城市绿化水平。

居住区绿化空间是住宅生态环境的主要载体，必须有绿化用地保证，人居生态环境的优化才能实现。

我国《居住绿地设计标准》（CJJ/T 294—2019）中指出，新建居住绿地内的绿色植物面积占陆地总面积的比例不应低于 70%；改建提升的居住绿地内的绿色植物种植面积占陆地总面积的比例不应低于原指标。居住绿地水体面积所占比例不宜大于 35%。居住绿地内的各类建（构）筑物占地面积之和不得大于陆地总面积的 2%。居住区内公共绿地的总指标应根据居住区人口规模分别达到：组团不少于 0.5 m²/人，小区（含组团）不少于 1 m²/人，居住区（含小区组团）不少于 1.5 m²/人，并根据居住区规划组织结构类型统一安排使用。

（二）居住区植物造景的原则

1. 整体性原则

居住区内的植物景观要和园路、建筑的整体风格统一，相得益彰。首先明确居住区内建筑、小品、园路的风格，确定植物景观的布置形式，整体性把控整个居住区植物景观。同时，加强居住区绿地中的各区域景观要素之间的关联，如运用重复的铺地样式、围合的绿化种植、主题素材的韵律等方法，以合理地融入大环境中。

2. 生态优先原则

充分考虑园林植物群落的生态效应，在植物造景中通过模拟适合该地域的植物群落结构，配置出近似自然的乔、灌、草和地被相结合的复合群落结构，以达到绿化光合效率的最大化，创造适宜的小气候环境，促进城市生态平衡。以植物群落生态学为指导，以植物造景为主，使居住区内外的绿地景观连接成一片，充分利用能利用的植物景观设计手法，如复合种植、立体绿化、屋顶花园等形成点、线、面结合的绿化系统，同时赋予居住区植物景观空间多样性和连贯性。

3. 功能性原则

居住区植物景观要满足营造空间、生态保健和美化环境的功能性原则。利用植物景观营造出开敞空间、半开敞空间和私密空间，满足不同居民的活动需求。同时，在居住区绿地中营建生态保健的植物景观，可改善生活环境，有利居民身心健康。植物景观应"三季有花，四季有绿"，随着四季的季相变化，使居民感受到春夏秋冬的不同景色。春季繁花似锦，夏季绿荫暗香，秋季霜叶似火，冬季翠绿常延。

4. 以人为本原则

坚持以人为本原则，居住区的植物景观设计要营造出适宜人的活动尺度的空间，满足不同年龄阶段、不同文化层次居民的不同需求，并强调植物景观的可参与性和亲和性。在植物种类选择上，考虑在近宅的植物选择中避免产生致敏性花粉的植物，如悬铃木、柳树等。强调居住区环境资源的均好和共享性，在植物造景中应尽可能地利用现有的自然环境创造人工景观。

5. 经济适用性原则

居住区植物造景需优先使用乡土植物，乡土树种适应性强，又能突出地方特色；适当地考虑植物的经济价值，许多植物不仅是优良的观赏植物，而且是优良的经济植物，具有观赏、药用、果品等多种用途。植物造景营造相对稳定的植物群落，居住区里的乔灌木可以粗放管理，便于维护，同时应适当增加地被植物的种类及面积，减少草坪面积，以节约后期管理资金。

6. 艺术美原则

居住区植物造景遵循造园艺术的形式美原则，包括变化与统一、协调和对比、均衡与稳定、节奏与韵律等。充分利用植物材料本身的形态美、色彩美、季相美，展现大自然的美丽，合理的植物配置使其在空间上、平面上给行人以美的景观感受。同时注意植物间的相互联系与配合，体现调和的原则；在对体量、质地各异的植物进行配置时，遵循均衡的原则，使景观稳定、和谐。

（三）居住区绿地植物造景的基本要求

1. 居住区绿地应在居住区详细规划指导下进行规划设计

小区级以上规模的居住用地应当首先进行绿地总体规划，确定居住用地内不同绿地的功能和使用性质，使绿地指标、功能得到平衡，注重绿地中植物景观的观赏性，满足居民的使用。

2. 居住区绿地应以植物造景为主

根据居住区内外的气候特征、土壤条件等，按照适地适树的原则进行植物配置，充分发挥生态效益。结合植物景观可设置园林小品，丰富景观层次。充分考虑现场环境条件，巧妙利用原有自然用地，因地制宜创造景观。植物造景要结合周围环境，俗则屏之，嘉则收之。

3. 合理确定各类植物的配置比例

速生、慢生树种的比例，一般是慢生树不少于树木总量的40%。乔木、灌木的种植面积比例一般控制在70%～80%。常绿乔木与落叶乔木数量的比例应控制在1∶4～1∶3。

4. 考虑植物与建筑环境的关系

乔灌木的种植位置与建筑门窗，各类市政设施、管线的距离应符合有关规定。

二、居住区各类绿地植物造景要点

居住区内绿地包括公共绿地、宅旁绿地、道路绿地和服务建筑与设施的专用绿地等。居住区绿地是居民室外活动的载体，因绿地性质不同，植物景观也不尽相同。

（一）公共绿地植物造景

1. 组团绿地植物造景

组团绿地是以住宅组团内的居民为服务对象的公共绿地，结合住宅进行组团布局，主要服务距离绿地100 m范围内的居民，一般面积在1 000～2 000 m²。组团绿地的使用者多为老人和儿童，因此，绿地中要设置老年人和儿童的休息活动场所。

组团绿地属于半公共性质的绿地，是宅间绿地的扩大或延伸，植物造景多选用枝叶茂密的植物，以绿篱围合组团绿地，形成半私密空间，并在保留活动空间的同时营造多层次植物景观来吸引居民。植物造景考虑建筑位置及居民使用的需要，在建筑周围种植乔木要注意避免遮挡建筑采光方向；铺装场地及座椅周边可适当种植落叶乔木为其遮阴；主要景观节点，如入口、座椅的对景处可布置花丛、植物组团；周边需障景或遮挡外部干扰的区域则可密植灌木，形成中高绿篱。

组团绿地布置形式较为灵活，富于变化，可布置为开敞式、半开敞式和封闭式等。开敞式是居民可以自由进入绿地内休息活动，实用性较强，是组团绿地中采用较多的形式。封闭式绿地主要以草坪、模纹花坛为主，周围由绿篱或栏杆围合，供居民欣赏，但不可进入活动。半开敞式绿地以植物景观和少量活动场地为主，周围由绿篱或栏杆围合，但留有若干出入口供居民通行。这种绿地往往紧临城市干道，可以营造较好的街景效果。

2. 游园绿地植物造景

游园绿地是居住区公共绿地的关键部分，是为居住小区居民提供休闲活动场所的集中绿地。游园绿地的服务半径为 300～500 m，一般设置在距离居民住所 3～5 min 的步行距离内，面积一般在 4 000 m² 以上。

游园绿地往往设置广场、铺装场地、微地形、道路、植物景观等多种内容，是居民生活、休闲、集散的重要公共绿地，居民利用率较高。因此，在植物造景上游园绿地要与整个居住区的植物风格相统一，以植物景观为主，尽量利用和保留原有的自然地形及原有植物，增加植物层次，突出特色种植，形成居住区内优美的生态环境。游园绿地要营造四季景观和朝夕之景，增加公共绿地的植物景观变化，例如：种植垂柳、京桃、玉兰、山杏、连翘等植物展现春天的生机勃勃；种植悬铃木、栾树、木槿、蜀葵等展现夏日风光；种植五叶地锦、白蜡、鸡爪槭、火炬树等展现秋季的霜天红叶；种植油松、樟子松、圆柏展现北国的冬季风光。由于游园面积较小，注意用植物分隔小游园与居住区，减少外部环境的影响，同时，巧妙运用花架、花坛、花钵等植物应用形式，增加立体绿化面积和花卉景观。

3. 居住区公园植物造景

居住区公园是指服务于一个居住区，具有一定活动内容和设施，为居民区配套建设的集中绿地。居住区公园的服务半径为 500～1 000 m，一般规划面积在 1 000 m² 以上，是居住区绿地中面积最大的一块。居住区公园内设施比较全面，有游乐活动场所、体育活动场地、各年龄组休息活动设施、种类丰富的景观构筑物与管理用房等。居住区公园以满足居民日常休闲活动为主，依据居民的功能性需求主要划分为休息漫步游览区、游乐区、运动健身区、儿童游戏区、服务网点与管理区几大部分。

居住区公园植物造景以打造风景优美的居住区景色为主，灵活把握规则式、自然式、混合式布局手法，以植物景观搭配园林水景、坡地丘陵等地形地貌，形成布局紧凑、功能齐全、观景路线多变的居住区公园植物景观。在景观布局上，可在夜间活动场所布置夜香植物，丰富社区室外活动的景观感受。

（二）居住区道路绿地植物造景

道路绿地是指居住区主要道路两侧或中央道路的绿化用地。一般居住区内道路路幅较小，大部分道路绿化都在道路两侧的居住区绿地中，并与周围的绿地性质和功能相结合。居住区的道路一般分为主干道、次干道和宅间小路三个等级，这些道路将住宅、公共建筑、小区出入口、公共绿地联系在一起，是居民日常生活的重要通道。

主干道的路幅最宽，沿道路可布置行道树种植带，行列式栽植枝叶茂盛的落叶乔木作为行道树，林下可种植耐阴灌木作为绿篱，还可用耐阴的花灌木和草本花卉形成花境，从而丰富道路景观。中央分车带和交通绿岛可栽植低矮的灌木或灌木加开支点较高的乔木组合，并在转弯处留有安全视距，不

遮挡汽车驾驶人员的视线。

次干道路幅较窄，道路两侧绿地应与其影响范围内的其他类型绿地布局密切配合，种植形式与风格相一致。植物造景应选择开花或富有叶色变化的乔木，例如，在相同建筑之间的小路口的绿化应与行道树组合，使乔灌木高低错落自然布置，形成花与叶色具有四季变化的独特景观，以方便识别各建筑。次干道植物造景要跟随地形起伏而变化，例如，地势较低的一侧可种常绿乔灌木，以增强地形起伏感；地势较高的一侧可种草坪或低矮的花灌木，降低高差，保持道路绿化的均衡稳定。

宅间小路的植物造景灵活多变，可以一边种植小乔木，另一边种植花卉、草坪。在道路转角和交叉路口不能种植高大的绿篱，以免遮挡人们的视线。靠近住宅的小路旁绿化通常以花灌木和绿篱来划分道路空间，减少对建筑采光、通风的影响。小路的植物造景也要结合道路、小品营造不同的特色景观，例如，通向相似建筑的小路口应适当放宽，选用不同树种，采用不同形式进行布置，以利区分不同位置。另外，在人流较多的地方，如公共建筑的前面、商店门口等，可以采取扩大道路铺装面积的方式与小区公共绿地融为一体，设置花台、座椅、活动设施等，创造一个活泼的活动中心。

（三）宅旁绿地植物造景

宅旁绿地是居住区绿地中面积最大的一种绿地形式，包括住宅周围的绿地和两幢住宅之间的绿化用地及住宅中低层单元的私家花园，仅供附近住宅居民使用，是居住区最基本的绿地类型（图12-2）。

宅旁绿地的主要功能是为居民提供日照、采光、通风和私密性的室外空间，一般不作为居民游憩、游玩的场所，绿地以植物造景为主。宅旁绿地的植物造景受到平面空间尺度、建筑风格、高度及宅前道路布置等因素限制，要合理把握空间的尺度感，选择适合的植物品种、体量和布局形式。例如，在相似的建筑群或宅旁绿地中植物造景时，既要保持风格协调统一，又要体现出不同植物景观的特点，以便保持植物景观的整体性和多样化，创造出美观、舒适的宅旁绿地空间。宅旁绿地植物造景与建筑朝向和采光密切相关，在建筑阴影面要选择耐阴或半耐阴植物，保证植物生长；在建筑的南面采光方向不能种植高大的乔木和大灌木，以免影响采光和通风，建筑东西部可以种植乔木或攀缘植物遮挡日晒；考虑建筑周围的地下管线和构筑物位置，按照有关规定进行安全防护。

宅旁绿地的植物造景可分为住户庭院的植物造景、宅间活动场地的植物造景、住宅建筑的植物造景3个部分。

1. 住户庭院的植物造景

住户庭院常见的有底层住户庭院和别墅庭院两种形式。底层住户庭院是低层或多层住宅中根据单元平面形式为底层每户安排的专用庭院，一般面积较小，植物景观由住户自行布置。这类庭院布置简洁，多以盆栽植物和草本花卉为主，攀缘植物结合庭院内小品或墙面，外部用绿篱或花墙、栅栏围合起来。

别墅庭院是独户庭院的代表形式，一般为 20～30 m²，面积相对较大。庭院根据住户的喜好进行景观设计，院内可设小型水池、山石、铺装、草坪，增添园林小品（如花架、景亭），植物造景上可种植果树和观赏花木，花架上搭配攀缘植物，水池中养睡莲、荷花，草坪中配置地被草花等，形成较为完整的庭院格局。

2. 宅间活动场地的植物造景

宅间活动场地是主要供幼儿活动和老人休息之用的半公共空间，与居民的日常生活息息相关（图12-3）。宅间活动场地的绿化类型主要有以下几种。

（1）树林型：以高大乔木为主，树下为居民的开放式活动空间，是一种比较简单的绿化造景形式。这种类型对调节居住区小气候有积极作用，但缺少灌木和草花搭配，层次结构简单，所以景观效果较为单调。植物造景时，注意保持乔木与建筑墙面的距离至少为 5 m，避免遮挡室内的采光与通风，同时避开地下管线位置。

（2）游园型：以小路、休闲铺装场地、园林小品为主的理想化宅间活动场地。这种类型要求宅间场地面积较大，一般住宅间距在 30 m 以上，所需投资也较大。植物造景注重营造层次、色彩都比较丰富的乔灌木植物群落，植物景观效果比较理想。

（3）棚架型：以棚架绿化为主，多选用紫藤、炮仗花、葡萄、五叶地锦、金银花等观赏价值高的攀缘植物进行植物造景，是一种比较独特的宅间活动场地绿化类型。

（4）草坪型：以草坪景观为主，在草坪的边缘或某一处种植一些乔木或花灌木，形成疏朗、通透的景观效果。

图 12-2　宅旁绿地植物景观　　　　　　　图 12-3　宅间活动场地植物景观

3. 住宅建筑的植物造景

住宅建筑的植物造景是指包括架空层、屋基、窗台、阳台、墙面、屋顶花园等几个方面的多层次立体空间绿化。住宅建筑的植物造景作为宅旁绿化的重要组成部分，要与住宅建筑和宅旁绿地的植物造景整体风格相协调。

（1）架空层植物造景：架空层可称为过渡空间，其本意是指建筑与其外部环境之间的过渡空间。近些年新建的高层居住区中，常将部分住宅的首层架空形成架空层，并通过绿化向架空层的渗透，形成半开放的绿化休闲活动区。这种半开放的空间淡化了建筑内外空间的界限，使两者成为一个有机的整体，在建筑空间序列中起到过渡、连接、转化和衬托的作用。植物的配置对架空层景观的影响至关重要，由于架空层往往光照不足，无法满足大部分植物的正常生长，所以多选择观叶、抗风及耐阴的植物，如八角金盘、鱼尾葵等。高层住宅架空层的绿化设计与室外活动绿地的设计方法类似，但由于环境较为阴暗且受层高、荷载所限，植物造景以耐阴的小乔木、灌木和地被植物为主，适当布置一些与整个绿化环境相协调的景石、园林建筑小品等。

（2）屋基植物造景：建筑出入口、窗前、墙基和墙角等围绕建筑周围的基础栽植。建筑出入口的两侧绿地常用灌木球或色彩丰富的多层次灌木篱来强调入口位置，营造焦点景观。窗前植物景观对于室内采光、通风，防止噪声、视线干扰等方面起着相当重要的作用，要根据实际情况精心考量。墙基部分多选用低矮的常绿灌木作为规则式配置，修饰建筑基部；建筑山墙前可栽植攀缘植物进行垂直绿化。建筑墙角可布置植物遮挡角隅空间，如运用小乔木、灌木丛或竹子营造植物景观。

（四）专用绿地植物造景

专用绿地是指居住区内各种类型的公共建筑、服务类设施和场地（如学校、幼儿园、商场、会所、社区中心等）的所属绿地。专用绿地的植物造景需要与居住区绿化风格相协调，并考虑公共建筑的功能要求和环境特点，以植物景观来协调各种类型建筑与区域之间的空间关系。

居住区内的幼儿园、会所周围往往有充足的绿地面积，植物造景多以常绿乔木为主，起到划分区域、减少区域之间干扰的作用。居住区内的商业、服务中心是人流量较大的地方，植物造景以规则式种植为主，如行列式栽植槐树、栾树等高大乔木，或篱植花灌木，便于留出活动场地供居民出入、停留。锅炉房、垃圾站这些影响环境的设施周边，植物造景可利用攀缘植物进行垂直绿化，并采用乔灌木混交种植形式阻挡视线，主要起到美化景观、遮挡内部杂乱环境的作用，示人以整洁外貌。

居住区主入口是整个居住区的重要景观节点，主要功能是便于车辆、行人的出入和集散。植物景观应根据主入口的功能定位进行设计，可布置行列式高大乔木行道树，选用缀花草坪和模纹花坛形成彩色条带图案，或用花灌木与大乔木搭配成植物组团凸显主入口景观。

三、居住区绿地植物造景基本程序与图纸表现

（一）研究分析阶段

1. 场地调研与测绘

根据现阶段提供的图纸资料，研究居住区场地的情况，并对场地进行实地调查与测绘，掌握场地的现有地形、土壤条件、水文条件、气候条件、场地现有植物、土地使用历史、当地植物资源等内容。对于现场比较简单的场地，重点掌握土壤的覆土厚度及盐碱程度；对于比较复杂的改造项目，设计过程需要保留或移动原有植物，要求有明确记录，需要组织有关施工人员到现场勘察，主要内容包括场地周围环境（道路、建筑）、施工条件、管线布置、土壤、堆料场地、生活设施位置，以及原有乔灌木位置、数量和品种等。

2. 场地现状分析

根据调研结果，对居住区内部的群体结构、绿地周围的功能分区，规划范围外较高等级的道路，绿地周围的用地情况等进行分析，并绘制相关分析图。保护好场地中的古树名木和国家保护性植物，对于历史景观和现存构筑物是否保留要与甲方进行沟通。同时，充分利用原有的自然环境，将原有大乔木纳入植物造景设计中。

（二）设计构思阶段

1. 确定设计主题和风格

居住区植物造景的设计主题、配置风格要与整体景观规划设计统一，首先要考虑的是景区整体形象，确定是要突出文化底蕴，还是要突出生态野趣，抑或两者兼有；布局是自然式、规则式还是混合式；形式风格是现代的还是传统的，是开敞的还是内聚的等。通过这些分析就可以确定种植设计的主题和风格。

2. 功能分析，明确植物造景目标

功能分析主要是明确植物景观在空间组织、改善小气候等方面的作用。通过对整个居住区的功能分析，全面考虑各个功能区之间布局关系，可以整体协调、因地制宜地安排功能区，满足居住区多项功能的实现，整个居住区各个区域形成有机的联系。对于较大的居住区工程项目要合理安排分期工程，同时，妥善处理好居住区与外部环境的关系。

通过功能分析与布局，明确总体种植规划的设计定位，并依据居住区内规划布局中空间的主次、所要营造的主景与次景、场地的功能、水体及建筑位置关系、地形、竖向标高等信息进行植物造景，运用植物来柔化、美化整个居住区，以绿色的诗意软化建筑和硬质景观，打造理想的栖息地。

3.植物景观构图设计

植物景观构图设计应根据居住区的绿地类型和设计风格选择不同的平面构图方式，灵活布置，丰富植物配置方式，在竖向上营造上、中、下层植物群落。

（1）确定基调树种。为了保持居住区植物景观的整体性，行道树和庇荫的乔木树种要基调统一，在统一的基础上，树种树形力求有变化，创造出优美的林冠线和林缘线。例如，在道路绿化时，主干道以落叶乔木为主，选用花灌木、常绿树为陪衬，在交叉口、道路边配置花坛。

（2）点、线、面与立体绿化相结合。点是指居住区的公共绿地，面积较大，利用率高。平面布置形式以规则为主的混合式为好。线是指居住区的道路、围墙绿化，可栽植树冠宽阔、遮阴效果好的中小乔木、开花灌木或藤本等。面是指宅旁绿化，包括住宅前后及两栋住宅之间的用地，占小区绿地面积的50%以上，是住宅绿化的最基本单元。

居住区立体绿化是指对低层建筑实行屋顶绿化；山墙、围墙采用垂直绿化；小路和活动场所采用棚架绿化；阳台窗台可以摆放花木等。立体绿化可以解决居住区建筑密集，地面绿地量相对受限的问题，增加绿化面积，提高生态效益和景观效果。

（3）生态优先，保留原有树木。以居住区的具体情况选择适合的植物品种，尽量保留原有长势良好的树木，特别是保留古树名木，可以较快地达到绿化效果，节省经费，增添居住区人文景观。植物造景应以营建生物群落为主，运用生态位、群落演替理论构建乔木、灌木和草坪、地被植物相结合的多层次植物群落，保证居住区生态系统的稳定。

（4）植物造景满足使用功能。植物造景应优先考虑居民的使用功能，营造能为居民提供休息、遮阴和地面活动等多方面条件的植物景观。道路两侧的行道树和广场、铺装周边的高大的落叶乔木可以提供庇荫空间；绿篱与铺装的围合可以形成吸引居民进入的中心空间；高大乔木与低矮地被植物形成开敞空间。合理利用不同的植物搭配可以创造丰富的空间层次，满足居民不同的使用功能。

（5）植物配置位置与栽植间距规定。居住区内植物造景要满足种植位置与建筑、地下管线等设施的规定距离，保障植物的正常生长和管线的使用（表12-1）。

表 12-1　植物与建筑、地下管线等设施的最小间距

建筑物名称	最小间距 /m		管线名称	最小间距 /m	
	至乔木中心	至灌木中心		至乔木中心	至灌木中心
建筑外墙南边窗	5.5	1.5	给水管、闸井	1.5	不限
建筑外墙其他窗	3.0	1.5	污水管、雨水管	1.0	不限
挡土墙顶内和墙角外	2.0	0.5	煤气罐	1.5	1.5
围墙（<2 m）	1.0	0.75	电力电缆	1.5	1.0
道路路面边缘	0.75	0.5	电信电缆、管道	1.5	1.0
排水沟边缘	1.0	0.5	热力管（沟）	1.5	1.5
体育用场地	3.0	0.3	地上杆柱（中心）	2.0	不限
测量水准点	2.0	1.0	消防龙头	2.0	1.2

根据居住区规划设计的相关规范，为了保障植物的正常生长，居住区植物造景时要考虑种植绿化带的最小宽度和植物栽植间距（表12-2）。

基础篇

实战篇

表 12-2　绿化带最小宽度与植物栽植间距

绿化带类型	绿化带最小宽度 /m	绿化带类型	植物栽植间距（不宜大于）	植物栽植间距（不宜小于）
一行乔木	2.0	一行行道树	6.0	4.0
两行乔木（并列栽植）	6.0	两行行道树（棋盘式栽植）	5.0	3.0
两行乔木（棋盘式栽植）	5.0	乔木群植	不限	2.0
一行灌木带（大灌木）	2.5	乔木与灌木	不限	0.5
一行灌木带（小灌木）	1.5	灌木群植（大灌木）	3.0	1.0
一行乔木与一行绿篱	2.5	灌木群植（中灌木）	1.5	0.75
一行乔木与两行绿篱	3.0	灌木群植（小灌木）	0.8	0.3

4. 植物材料选择

居住区绿地植物材料的选择要结合居住区的实际情况，充分考虑植物的习性，做到适地适树。选出能够改善居住区的环境质量和景观效果的优良品种，营造植物组团，尽可能地发挥不同植物在生态、景观和使用三方面的综合效应，满足居住区居民的日常生活需要。

（1）生长健壮，便于管理的乡土树种。乡土树种对本地区气候条件适应性强，抗逆性强，生长健壮，绿化景观表现稳定，同时种植管理简单，经济适用，符合适地适树的基本原则。

（2）树冠大，枝叶茂密，落叶阔叶乔木。居住区主要是居民生活休息和游憩的场所，应营造舒适、美观的外部环境，因此，居住区内应以种植阔叶、落叶树为主，枝叶茂密，树冠开展的乔木可以在夏季起到良好的遮阴和景观效果，在道路和宅旁更为重要。

（3）常绿树和开花灌木。常绿树是居住区冬季景观的重要植物材料，尤其是北方地区冬季漫长，适当配置叶形和植株秀丽的常绿树可以营造独特的冬季景观。选择不同花期、色彩的花灌木可以增加居住区景观的季相变化和观赏效果，配合乔木和地被植物营造不同的植物组团。

（4）耐阴植物和攀缘植物。居住区中住宅建筑较多，部分绿地一直处于建筑阴影下，光照不足，因此，应选用耐阴或耐半阴的植物品种，如海桐、桃叶珊瑚、玉簪、八角金盘等。攀缘植物是居住区立体绿化的重要植物材料，北方常用的有地锦、五叶地锦、葡萄等。

（5）无毒无害，具有环境保护作用和经济收益的植物。选择对人体健康无毒无害，有助于改善生态环境的植物品种，尤其在儿童活动区，忌用带刺的树种。宜选择有环境效益和经济效益的树种，如能防风、降噪、抗污染、吸收有毒物质的树种和易于管理、可以食用的果树。

（6）植物种类丰富。保证居住区绿地生态系统的稳定，需要丰富的植物种类。选用乔木、灌木、草本植物营造层次丰富、疏密有致、季相变化明显的稳定植物群落，达到三季有花、四季有景，使居住区生态环境更为自然协调。居住区中可栽植果实和种子吸引鸟类的植物，如苹果、西府海棠、火棘果等；还可选用具有不同香型的植物给人以独特的嗅觉感受，如蜡梅、桂花、丁香等。对一般的小区来说，15～20个乔木品种，15～20个灌木品种，15～20个宿根或草本花卉品种已足够满足生态方面的要求。

（7）选用具有文化内涵和传统种植程式的植物。可选用梅、兰、竹、菊或"玉棠春富贵"（玉兰、海棠、迎春、牡丹、桂花）等传统植物以突出居住区的个性与象征意义。传统种植程式源自古典园林的植物配置，如"移竹当窗""栽梅绕屋"，水边栽垂柳，水中栽植荷花、睡莲、坡地种迎春、连翘等，增添居住区植物景观的文化内涵和感染力。

（三）植物种植设计阶段

根据居住区植物种植总体规划目标和植物景观构图设计进行植物种植设计，可分为设计草、灌木分割线，布置大乔木，布置亚乔木，布置大灌木，布置球类灌木，布置小灌木与地被植物6个步骤，完成植物造景。居住区植物组团多以大乔木作为骨干树种，亚乔木作为基调树种，灌木和地被植物构成下层绿化空间，组成乔、灌、草相结合的多层次植物景观。

1. 草、灌木分割线

草、灌木分割线是指草坪与小灌木的边界线，遍布整个居住区绿地，可以起到分隔绿地空间、组织景观视线的作用（图12-4）。草、灌木分割线在居住区重要景观区域，如中央景观带、重要组团区域等分隔草坪空间，形成开敞、半开敞空间，引导景观视线。通过草、灌木分割线将草坪与小灌木地被分隔成合理比例，可以推进设计并把控项目造价。运用草、灌木分割线还可以对小空间进行优化设计，增加景观层次（图12-5）。

图 12-4　草、灌木分割线

图 12-5　地形上的草、灌木分割线

草、灌木分割线的设计原则如下：

（1）要求草、灌木分割线为自然曲线，优美流畅。

（2）草、灌木分割线应设计在地形主要观赏面的阳面，保证观赏效果。

（3）运用草、灌木分割线围合所有建筑和景观小品，柔化建筑直角，尤其是与道路交叉口等相对的位置要精心设计。

（4）宅间组团绿地和铺装场地周边的草、灌木分割线要考虑其围合性及私密性。

（5）草、灌木分割线的位置可根据乔灌木的布置作适当调整。

2. 大乔木布置原则

大乔木是指胸径 10 cm 以上，有独立的主干，树干和树冠有明显区分，树身高大，树冠饱满的乔木。大乔木一般布置在主景或中心景观区域，不同高度的大乔木共同构成上层乔木林冠线。

（1）明确主景空间，大乔木大多布置在中心景观区域（图12-6）、组团及道路两侧（图12-7）、水系边等主景区域或其他重要位置。

（2）大乔木在不同区域有不同的布置方式：布置在宅间组团区域多为 3 ~ 5 株自然种植；作背景林则呈 5 株以上单数丛植；在道路旁做行道树或局部点缀性种植。

（3）大乔木一般布置在地形最高处，拉伸竖向高度，营造多变林冠线。大乔木可孤植（图12-8），或三株大乔木丛植，大小不等的三株乔木根据地形的高低相应布置。多株大乔木布置在地形上，则最高的大乔木在地形最高处，其他乔木布置在地形中下位置，形成完整林冠线。

（4）大乔木中心点与建筑南侧外立面保持 5 m 以上，北侧保持 3 m 以上（图 12-9）。在入户园路距建筑外立面 5 m 以内的种植区不建议种植大乔木。

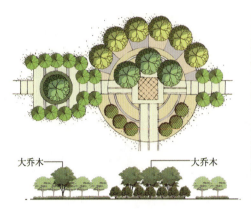

图 12-6 大乔木布置在中心景观区域

图 12-7 大乔木布置在道路两侧

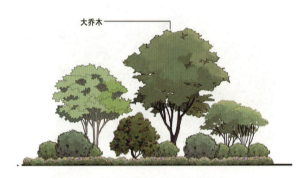

图 12-8 植物组团中的主景大乔木

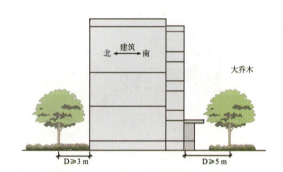

图 12-9 大乔木与建筑外立面的距离

3. 亚乔木布置原则

亚乔木主要搭配大乔木，在复合式植物层次中体现中层绿量的层次。亚乔木高度 3 ~ 4 m，蓬径 2.5 ~ 3.5 m。亚乔木有明显的主干，但高度比大乔木矮，即中乔木或大灌木。

（1）亚乔木通常布置在大乔木前，高度控制在大乔木分枝点上下 1 m 左右（图 12-10）。

（2）亚乔木品种在东北地区主要以京桃、山梨、金叶复叶槭、光辉海棠等为主，可适当点缀紫叶李、山楂等。

（3）亚乔木可布置在建筑周围，在避开窗户南侧的前提下，可紧贴建筑墙面，或种植在采光窗南侧，树高与建筑距旁比为 1 ∶ 1，通常距离 3 m 以上（图 12-11）。

（4）在长距离园路边及园路转角可布置亚乔木，形成空间上的变化，避免视线过于穿透。

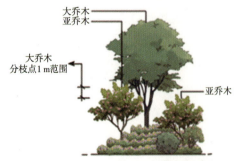

图 12-10 亚乔木与大乔木高度控制

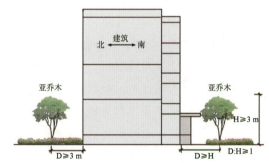

图 12-11 亚乔木与建筑外立面的距离

4. 大灌木布置原则

大灌木是植物组团中有较高的观赏价值，可观花观叶，展现季相变化的植物材料。大灌木高度1.5～2.5 m，呈丛生状态，没有明显的主干。

（1）大灌木在复合式种植区布置在亚乔木前3或5株点缀布置。搭配时要求与亚乔木树形形成对比，如桂花前布置红枫、红梅等树形开展的大灌木（图12-12）。

（2）大灌木在建筑周围布置，与亚乔木组合形成层次变化的小空间。要求充分考虑喜光植物与耐阴植物的布置区位，建筑南侧多设计落叶观花大灌木，建筑北侧主要布置常绿大灌木，适当点缀紫叶李、丁香等（图12-13）。

（3）道路边布置大灌木时，需要与路缘保持一段距离，便于观赏，同时防止大灌木枝叶影响行人通行。

（4）大灌木可与一般乔木搭配，形成高度层次较适合的植物组团。大灌木对布置区位无特殊要求，可灵活运用（图12-14）。

图12-12 大灌木布置在亚乔木前

图12-13 建筑周围大灌木布置

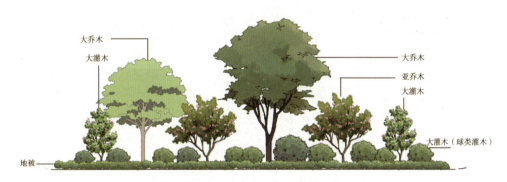

图12-14 大灌木与乔木搭配

5. 球类灌木布置原则

球类灌木是商业园林大量使用的一类植物材料，突出中下层绿量饱满度，地被上面、小灌木上面、中层上面、中层前面、转角位置可做大量的球类灌木。球类灌木是指高度2 m以下，蓬径1～2.5 m，呈球状的灌木。

（1）在植物组团中，球类灌木一般种植在大灌木前面，处理大灌木分枝点脱脚植株下部的枝叶枯黄脱落处，同时突出中下层绿量的效果（图12-15）。

（2）球类灌木是遮挡低矮景观硬伤及体现细节处理的重要材料。景观墙角、水系与道路、景桥与园路、园路与园路交界处及台阶边、景石边等景观节点需要灌木球处理细节（图12-16）。

（3）使用球类灌木通常情况下修剪后冠幅不小于 1.2 m，3 株球灌木组合时建议不同规格大、中、小搭配。球类灌木可以用不同品种组合强调色彩变化（如红、黄、绿）。种植设计时，在布置球类灌木时多搭配景石。

图 12-15　复合种植区的球类灌木

图 12-16　球类灌木与景石搭配

6.小灌木及地被设计原则

小灌木及地被连接中上层乔灌木形成完整的立体复合空间。小灌木是指高度在 0.2～0.9 m 的灌木。地被是指株丛密集、低矮，经简单管理即可代替草坪覆盖在地表的植物。

微课：居住区灌木及地被布置

（1）小灌木及地被连接中上层乔灌木形成完整的立体复合空间（图 12-17）。

图 12-17　地被连接乔灌木层

（2）形成 3 层小灌木层次标准，小灌木层次通常分高（60 cm）、中（40 cm）、低（25 cm，收边层小灌木）3 类。

（3）小灌木收边层作为草坪与大灌木球类灌木的过渡，要求选择枝叶密实的小灌木材料，东北地区常用的有铺地柏、金叶女贞、紫叶小檗、水蜡、金山绣线菊、金焰绣线菊等密植。

（4）中层小灌木多布置在大灌木下，尺度控制在 2 m 左右。

（5）低层小灌木多布置在乔木林下，尺度控制在 2 m 以上。在非视线重点区域可布置玉簪等地被植物，降低造价。

一、任务信息

　　沈阳恒大华府居住区的项目定位为高端高层住宅小区，位于沈阳市二环以内，南邻北三西路，西邻肇工北街，项目规划建设用地面积 72 970.12 m²（图 12-18）。目前一期工程已建成，本项目以沈阳恒大华府居住区二期工程为设计内容。根据居住区绿地植物造景的原则和基本方法，结合该居住区具体情况开展植物造景。设计过程中注意对于居住区内各类绿地类型的分析、布局，植物景观要符合该类型绿地在居住区中的功能。

　　沈阳恒大华府居住区的景观设计，以欧陆风格为主，场地布局以规则式为主，以立体景观演绎美妙的四季，建筑与地形的走势相得益彰，体现人与自然的和谐共生。该项目着眼于创造一个与自然相结合的高端社区产品，在造景上巧妙利用坡地进行景观设计，从而形成富有层次变化、主次分明的园林空间。整体布局上以绿色森林为基调，蓝色人工湖为主景，将一组组建筑体、装饰景点串联成一个和谐统一的社区环境。漫步湖岸，御湖湿润水汽，就能感受到社区所提供的舒适生活氛围。

　　在沈阳恒大华府居住区整体景观规划结构上，以绿色森林为基调，蓝色人工湖为中心景区。小区的水景布置在入口附近，与主入口形成中心景观带，将流水带入小区景观，并在水中种植大片水生植物，营造出北方水城（图 12-19）。沿水岸布置绿化休闲空间和亲水平台，可赏可玩。

图 12-18　沈阳恒大华府居住区景观设计彩平图

图 12-19　沈阳恒大华府居住区效果图

二、任务分析

　　二期项目包含居住区主入口、人工湖和周边住宅建筑。植物造景包含道路绿地、宅旁绿地、公共绿地和专用绿地。沈阳恒大华府居住区的景观特色如下。

1. 人工湖水体景观

　　人工湖既有大水面，也有跌水溪流，水流经过之处，呈现多种姿态。现代风情的水面平静如镜，可听、可观、可触、可感；跌水溪流明快、活泼，有自然田园之感。驳岸蜿蜒曲折，岸线或陡或缓，富于变化，沿岸布置铺装场地和平台挑于水面之上，供人凭栏远眺。

2. 临水而居的住宅

　　高层建筑临水布置，亲近水面，观赏湖景，夏季清风徐徐，水波荡漾，流水绕屋而行，创造了一

基础篇

实战篇

 园林植物造景

个北方地区难得的"临水而居"的居住环境。整个小区以水体为中心景观，周边居住空间在设计上精益求精，如本设计中从必须满足4m宽消防需求的内部环路中减去0.8m做成隐形消防车道，以保证小区空间的丰富性和整体景观上的协调。

3. 城市森林

恒大华府居住区的植物种植规划目标是打造城市森林，在园区内体验四季景色变化：春日花红柳绿，鸟语花香；夏日清风徐徐，水波不兴；秋日红叶遍野，果实累累；冬季白雪茫茫，苍松翠柏。

三、种植方案

本项目以植物造景为主，根据植物造景的科学性原则，因地制宜选择植物品种，遵循艺术性原则进行植物景观营建，构建具有实用性、文化性和艺术性的植物景观，特别注意打造植物景观的艺术性，给人以美的视觉享受。本方案主要由入口景观区、人工湖中央景观区、宅间绿地和小区内部道路绿带及小区外缘交界区共同组成。小区片状绿化以道路为骨架，以地势为基调，进一步强化入口及组团个性特征，实现片状绿化的可识别性和归属感。充分掌握水面景观、岸边景观的不同特点和构图要点对水岸进行植物造景，打造出与环境相融合的植物景观，而合理的色彩构图、线条构图和倒影的运用可增加植物景观的艺术感染力，使意境更加深远。

1. 植物品种选择要求

居住区绿化遵循科学性原则，选择国槐、白蜡、红花刺槐、元宝枫、银杏、白桦、臭椿、五角枫、榆树等乔木品种，以及毛樱桃、接骨木、紫叶矮樱、珍珠梅、桧柏球、水蜡球等灌木品种。乔灌木搭配出一片层次分明、错落有致的盎然景致。强调乔、灌、草层次搭配，季相变化及色彩搭配。

2. 建筑周围植物造景

根据建筑类型的不同、建筑底层开窗的位置及建筑内功能的不同，选择适宜的种植距离进行绿化。乔木（主干）种植应距建筑（外立面）南侧6m以上，特大乔木应8m以上；北侧应4m以上，特大乔木应6m以上。东西侧根据建筑开窗的位置及其使用功能不同而变化。如卫生间的窗户对其采光要求不是很高，可密植2m左右大灌木，增加其私密性。如东西侧是客厅，乔木与南侧要求一样；窗户北侧可近距离种植乔木，中层大灌木距建筑2~3m种植。

3. 人工湖中心景区植物造景

水岸边以垂柳、垂榆、白桦等耐水湿植物为主要乔木，以大花水桠木、榆叶梅、小叶黄杨球为主要灌木，以紫叶小檗为地被植物组成多层次植物组团，水岸边栽植有疏有密、时断时续，富于变化，岸边留有空间观看植物在水中的美丽倒影。

4. 箱式变电站及公共设施植物造景

常用常绿乔灌木遮挡公共设备，建议在常绿植物前方种植观花或观叶植物，美化处理公共设施。

5. 道路绿地植物造景

居住区主干道选择国槐为行道树作行列式栽植，树间距5m。次干道结合宅间绿地布置，结合植物组团自然式种植。

6.CAD 图纸表现

（1）创建植物列表。插入表格，将所有植物按序号排列并把植物信息填写完整，每种植物定义一个植物图例。

（2）新建图层。新建大乔木、亚乔木、灌木、地被植物图层，分别选择不同的颜色，地被植物选择特殊线型。

（3）调整植物图例。根据植物名录将不同种植物的植物图例按照真实冠幅大小进行缩放，定义成块，块名称为植物品种名，摆放在种植图纸旁边。

（4）绘制草、灌木分割线。在地被植物层运用多段线绘制草、灌木分割线，要求圆滑顺畅，完全闭合。

（5）行道树的种植。向外偏移主干道道路边线 1 200，输入定距等分命令 DIV 再按 Enter 键，选择偏移的线，输入命令 B 再按 Enter 键，然后输入块名称后按 Enter 键，最后输入定距等分距离 5 000 再按 Enter 键，完成命令。将做好的所有行道树选中并复制到另一边，完成行道树的种植。

（6）绘制其他乔灌木。复制调整好的植物图例到居住区中进行栽植，乔灌木搭配，做好植物标注。

（7）统计数量。统计各品种乔灌木数量，执行"工具"→"快速选择"→"对象类型：块参照"→"特性：名称"命令，然后选择树例名称→命令行查看数量。统计地被面积，输入命令 AA，然后按 Enter 键，输入命令 O 再按 Enter 键，然后选择闭合地被区域，命令行出现面积。将统计好的乔灌木及地被数量填入植物列表中。

（8）居住区植物景观设计图。植物分层平面图如图 12-20 和图 12-21 所示，种植设计总平面图如图 12-22 所示。

图 12-20　上木种植设计平面图

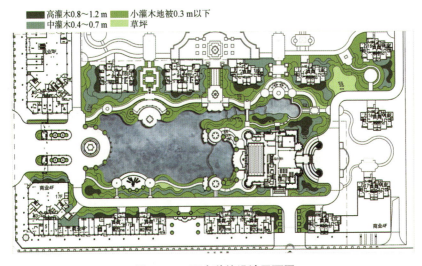

图 12-21　下木种植设计平面图

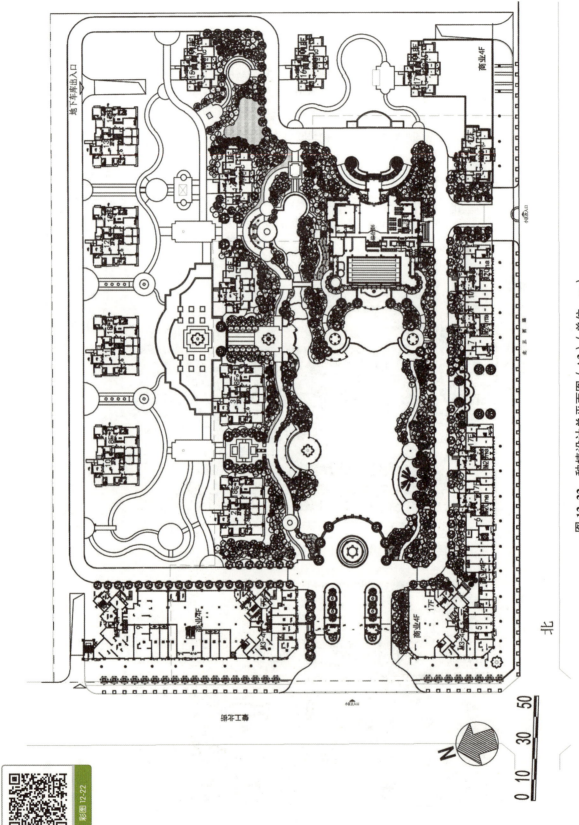

图12-22 种植设计总平面图（A3）（单位：m）

知识拓展

一、居住区展示区植物造景

居住区展示区也称样板区，展示区景观特指展示体验区的室外环境景观，起着有机组织样板体验区各功能空间的重要作用，也是配合房产销售，让购房者能提前实景感受楼盘品质，展现开发商硬实力、软实力的直观平台。理想的住宅展示体验区景观致力于营造一种舒适愉悦的看房环境，并烘托楼盘的独特气质。住宅展示体验区与样板房功能类似，它并非一定要作为未来居住区的真实景观或其中一部分。购房者通过体验其环境气氛，结合样板房的空间构想，获得对楼盘风格的认知和定位。

1. 入口迎宾区

入口迎宾区是样板体验区的主要入口区域，连接着城市空间与样板区（图12-23），也是购房者对整个展示区的第一印象。入口迎宾区域应发挥两方面的作用：一是标明样板区位置及特征，体现标识性；二是将购房者引导进入样板区，体现导向性。因此，入口迎宾区一定要有鲜明的标志，可以是一个入口大门、一处喷泉、一座雕塑，或者只是一个开阔的集散空间（图12-24）。同时，入口迎宾区在设计上应体现足够的导向性，将人们视线引入样板区中。例如，可采取阵列式布局，轴线对称设计手法，如设置树池阵列、喷泉阵列、灯柱阵列等，也可以是多种要素组合阵列形式。

2. 室外洽谈区

室外洽谈区是人们休憩、洽谈的区域，设计应突出安静、舒适、优美的环境特征。要隔绝主干道带来的干扰及城市干道中的车流声，多利用花池围挡配合涌泉水流声形式有效阻断干扰源。室外洽谈区要提供足够多的休息座椅及遮阳设施，满足人们停驻、洽谈的需要。同时，需要通过精心的植物配置及各景观要素的合理搭配，营造一处充满人性化、趣味性的景观空间。

图12-23 入口迎宾区

图12-24 入口迎宾区雕塑跌水

3. 体验展示区

体验展示区作为住宅样板体验区景观核心空间，占地面积最大，元素最为丰富，投资比重也相对较大。体验展示区适宜结合未来住宅区的环境景观共同打造，例如，未来住宅区的中轴、入口或中庭区域等景观重点打造空间，实现景观可持续利用。体验展示区需体现出未来整个住宅生活氛围，所以景观应强调情景化的空间体验，让人感觉身临在优质生活情景中，从而获得归属感。例如，蜿蜒小道配以树林花海营造出的浪漫回家路感受，还可以是凯旋大道配合大树阵列营造出的庄严高端生活状态。

4. 围界过渡区

围界过渡区处理的适宜与否，直接关系到整个样板体验区的安全性、美观性及私密性等因素，所以在设计中因地制宜，选取相适宜的围界方式，俗则屏之，嘉则收之。例如，周边为施工区域，可设立围挡＋植物的形式，将其完全隔离开；或者周边为优美风景的区域，可设计高乔＋矮灌木的形式，将中层打开，视线能透出去。

二、居住区展示区的植物景观特点

1. 体现居住区的整体风格

展示区景观作为整体景观的样板，对全区景观风格具有指导意义。在风格上，植物景观要与建筑风格相互呼应。例如，常州香醍漫步建筑为地中海风格，在植物造景时，延续建筑风格，使建筑、植物景观在整个场地上浑然一体。

2. 植物景观精致化

展示区景观作为整体景观的样板，需要成为整体小区的设计与施工标杆，许多设计的植物组团在样板区中形成，之后推广到整区，而且为了短时间内就展现出植物良好的景观效果，设计者往往会选择规格更高的植物，所以植物景观的经济投入巨大，因此精致化也成为样板区植物景观的一大特点。

3. 植物景观浓缩化

展示区空间有限，一般景观面积在 15 000 m² 左右，在有限的空间中创造无限的景观空间感受，使所见之处皆是美景。各种景观功能和植物景观体验插入其中，入口的庄严仪式感、花海树林草坡的开阔、密林小道的幽静、会所大气的感受空间、滨水场景体验、儿童活动的自由奔放空间、私家庭院的参与空间，通过这些将嗅觉、触觉、视觉融合在一起。每个区域的植物景观都有其不同特色，遵循一定的收放规律，将尽量多的景观体验浓缩在方寸之间，给购房者以视觉、嗅觉、触觉的全方位的景观体验。

三、居住区展示区植物造景要点

展示体验区的植物配置应该灵活多变，避免单调、呆板。设计者应根据植物本身的特性来合理地进行植物配置，创造出优美的自然环境。

1. 丰富植物品种

运用丰富的植物品种进行造景，可以带来丰富的质感、色彩等变化，让植物景观如自然丛林般充满趣味性和美观性，同时，弱化植物刚栽植效果不好的影响。丰富的植物品种可以提升样板区的整体景观品质。

2. 植物的色彩搭配

在植物配置中，植物的色彩可以看作情感的象征，使人感受到美感与和谐。丰富的色彩能给人以愉悦感及欢快感。在样板区植物设计中，适宜地多运用色彩斑斓的植物，特别是时令花卉的应用，可以为样板区营造一种热烈的购房氛围，推快楼盘的销售节奏。除时令花卉外，还可以强调色叶植物、开花乔木及灌木等的应用。

3. 考虑芳香植物

"迟日江山丽，春风花草香""桂子月中落，天香云外飘"，自古文人对花香便颇有偏爱，在现代社会，植物所散发出的香味自然也是吸引购房者的一个重要方面。因此，在植物设计中，可适当增加本身有香味的植物或花香植物，如玉兰、桂花、蜡梅等。

4. 适度提高种植密度

体验区的景观工程工期短、要求高，又要求植物的即时性效果好，因此，展示区的植物种植密度和规格可较平时适当加大，尤其是灌木种植密度，以保证栽植初期便达到植株茂盛不露土的良好观赏效果。

5. 样板区开放时间应结合植物季相

样板体验区是为销售服务的，建筑、样板房、销售中心、园林景观的展示都以楼盘开盘销售为目标，一旦错过销售最佳时间，一切都会打折扣。体验区植物配置要充分利用植物季相特色，根据开盘的时间节点，着重以该节点季节内观赏价值高的植物作为主调植物，种植重点位置时也要考虑移栽植物生理恢复期的长短对样板区开放所产生的影响。

四、居住区展示区的植物材料选择

通过对常用植物的形态特点进行分析，可总结得出住宅地产展示区景观植物的选用应遵循以下规律：

（1）核心大乔木因其起到主要视觉焦点的作用，常选用株型高大、姿态优美的种类，这类植物的品质直接影响整个样板区景观的视觉效果，因此其选用标准最严格（图12-25）。

（2）小乔木或大灌木通常有两种用途，作为组团视觉中心时可强调其外观变化，形式多样；作为大乔木的陪衬时应选择饱满规整的植物，避免模糊视觉焦点。

（3）小灌木的选用应该侧重于形态简洁的种类，可在叶色、叶片大小等方面突出变化（图12-26）。

（4）地被植物在形态和色彩方面没有特殊要求，主要是根据不同项目的场地和功能搭配适宜的地被植物。

图12-25　核心大乔木构成植物组团　　　　　　图12-26　球形灌木植物组团

 提升训练

➢ 训练任务及要求

（1）训练任务。图12-27所示为辽宁地区某城市田野牧歌居住区景观设计平面图，该项目地块绿地景观总面积为42 731 m²，根据自己对该项目的理解，利用居住区植物种植设计基本方法和基本设计过程进行植物景观设计，完成该居住区植物景观设计平面图。该训练主要是对田野牧歌居住区绿地进行植物景观的初步设计。

基础篇

实战篇

（2）设计要求。

①居住区植物造景风格要注意与该居住区的布局风格、功能需求一致。

②植物与其他景观要素搭配要合理，满足甲方的设计要求。

③在植物选择上要符合当地自然环境，在满足绿化和美化的基础上，要考虑季相和色彩变化，设计出更好的植物景观。

④组员用 AutoCAD 软件独立完成该居住区绿地植物景观设计方案。

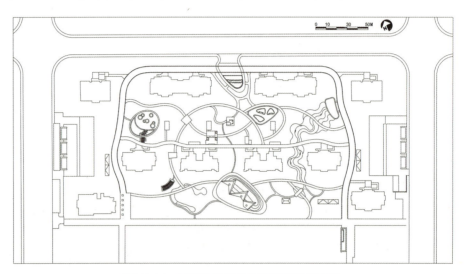

图 12-27 田野牧歌居住区景观设计平面图

考核评价

考核评价表

评价类别	评价内容		学生自评（20%）	组内互评（40%）	教师评价（40%）
过程考核（50分）	专业能力（40分）	植物选择能力（10分）			
		植物搭配能力（10分）			
		图纸表现能力（20分）			
	职业素养（10分）	工作态度（5分）			
		团队协作（5分）			
成果考核（50分）	方案创新性（10分）				
	方案完整性（10分）				
	方案规范性（10分）				
	汇报展示（20分）	汇报思路清晰，逻辑结构合理（5分）			
		语言表达流畅、简洁，行为举止大方（10分）			
		PPT 制作精美、高雅（5分）			
总评				总分	
	班级		第　组	姓名	

附录　沈阳地区植物造景常用园林植物名录

1. 针叶乔木

序号	中文名	学名	科名	高度/m	生态习性	观赏特征	景观用途	备注
1	华山松	Pinus armandii	松科	35	喜光，稍耐干燥瘠薄的土地，耐寒	树冠圆锥形或柱状塔形，枝条平展	园景树、风景林	
2	油松	Pinus tabuliformis	松科	25	强阳性，耐干旱，耐碱，耐寒，耐瘠薄土壤	老树树冠平顶，树姿苍劲古雅，枝平展或向下斜展	园景树、风景林	沈阳市树
3	樟子松	Pinus sylvestris	松科	25	强阳性，耐寒，耐干旱瘠薄，深根性，抗风沙	幼树树冠尖塔形，老则呈圆顶或平顶，树冠稀疏	园景树、风景林	
4	红松	Pinus koraiensis	松科	50	弱阳性，喜冷凉湿润气候及酸性土，浅根性	树冠圆锥形，树干上部常分叉，枝近平展	园景树、风景林	
5	白皮松	Pinus bungeana	松科	30	喜光，耐瘠薄土壤及较干冷的气候	树冠宽塔形至伞形，老干树皮脱落露出粉白色，枝条斜展	园景树、风景林	
6	云杉	Picea asperata	松科	45	耐阴，耐干冷，喜排水好的酸性土壤，生长缓慢，属浅根性树种	树冠尖塔形，苍翠壮丽	园景树、风景林	
7	青扦	Picea wilsonii	松科	50	耐阴，喜温凉气候及湿润、深厚而排水良好的酸性土壤	树冠塔形，枝条近平展，针叶灰蓝色	园景树、风景林	
8	白扦	Picea meyeri	松科	30	耐阴，耐寒，生长缓慢，属浅根性树种	树冠塔形，大枝近平展	园景树、风景林	
9	红皮云杉	Picea koraiensis	松科	30	较耐阴，耐寒，也耐干旱，浅根性，侧根发达，生长比较快	树冠尖塔形，大枝斜伸或平展	园景树、风景林	
10	北美短叶松	Pinus banksiana	松科	25	喜阳，不耐阴，耐严寒，多生于排水良好的沙质及砾质土壤上	树冠塔形，枝近平展	园景树、风景林	
11	日本落叶松	Larix kaempferi	松科	30	喜光，浅根系，抗风力差，生长快，对气候的适应性强	树冠塔形，枝平展	园景树、风景林	
12	华北落叶松	Larix principis-rupprechtii	松科	30	强阳性，极耐寒，有一定的耐湿，耐旱和耐瘠薄能力，寿命长，根系发达	树形高大雄伟，叶簇状如金线，尤其秋霜过后，树叶全变为金黄色	园景树、风景林	
13	辽东冷杉	Abies holophylla	松科	30	耐阴，喜冷湿气候，耐寒，浅根性树种，寿命长	树姿雄伟端正，树冠阔圆锥形，老树冠宽伞形	园景树、风景林	

续表

序号	中文名	学名	科名	高度/m	生态习性	观赏特征	景观用途	备注
14	丹东桧	Sabina chinensis 'Dandong'	柏科	10	喜光、耐寒，对土壤要求不严，萌芽力强，耐修剪，易移植	树冠圆柱尖塔形、圆锥形，具有鳞叶，冬季叶鳞叶，刺叶两种叶型	园景树、造型树	
15	侧柏	Platycladus orientalis	柏科	20	阳性、耐干瘠薄、浅根性，抗烟尘和有害气体	幼树树冠卵状尖塔形，老树树冠则为广圆形	园景树、造型树	
16	圆柏	Sabina chinensis	柏科	20	喜光、较耐阴，忌积水、耐寒、耐热，深根性	幼时树冠圆锥形，尖塔形，老时则为广圆形	园景树、造型树	
17	沈阳桧	Sabina chinensis 'Shenyang'	柏科	15	喜光、耐寒性强、忌水涝	幼时树冠锥状，大树则为尖塔形，枝向上直展，叶色深绿	园景树、造型树	
18	东北红豆杉	Taxus cuspidata	红豆杉科	20	耐阴、耐寒、喜湿润，但怕涝	树冠广卵形、圆形，叶深绿色，种紫红色	园景树、造型树	

2. 落叶乔木及小乔

序号	中文名	学名	科名	高度/m	生态习性	观赏特征	景观用途	备注
1	银杏	Ginkgo biloba	银杏科	40	阳性、喜湿润、耐寒，银杏树生长较慢、寿命极长	树姿优美、树干端直高大，叶扇形，秋季变黄	庭荫树、园景树、行道树、风景林	
2	国槐	Sophora japonica	豆科	25	阳性、耐寒、抗性强、耐修剪，对有害气体有较强抗性	树冠球形，枝叶茂密、念珠状果	庭荫树、行道树、园景树、风景林	
3	刺槐	Robinia pseudoacacia	豆科	10～25	阳性、有一定抗旱性，抗风性差	树形高大，花白色，荚果	庭荫树、园景树、行道树、风景林	
4	红花刺槐	Robinia pseudoacacia f.decaisneana	豆科	25	喜光、浅根性树种，不耐阴，适应性很强	树冠圆满、枝叶繁茂、花冠粉红色、花冠红色，芳香	庭荫树、园景树、风景林	
5	山皂荚	Gleditsia japonica	豆科	25	阳性、耐寒、耐干旱，不耐水湿、抗污染	树冠广阔，叶密荫浓，荚果带形，扁平	庭荫树、园景树、风景林	
6	臭椿	Ailanthus altissima	苦木科	20	阳性、耐寒、耐干旱，深根性、适应性强，黏土除外	树姿雄伟、树冠半球形，枝叶茂密、春季嫩叶紫红色	庭荫树、园景树、行道树、风景林	
7	枫杨	Pterocarya stenoptera	胡桃科	30	阳性、耐湿、较耐寒，初期生长慢、后期生长快	树冠宽广，枝叶繁茂	庭荫树、行道树、风景林	
8	榆树	Ulmus pumila	榆科	25	阳性、适应性强、耐旱耐盐碱土，耐修剪	树冠近球形或卵圆形，树干直立，枝多开展	庭荫树、行道树、园景树、风景林、造型树	

续表

序号	中文名	学名	科名	高度/m	生态习性	观赏特征	景观用途	备注
9	金叶榆	Ulmus pumila 'jinye'	榆科	25	喜光、耐寒、耐旱、耐盐碱、耐修剪	枝条密集，树冠丰满，叶片金黄色，有自然光泽	园景树、行道树、造型树	
10	大叶朴	Celtis koraiensis	榆科	15	喜光、稍耐阴、对土壤要求不严、瘠薄干旱、抗污染、轻度盐碱	树冠圆满宽广，树荫浓郁	园景树、庭荫树、行道树、风景林	
11	小叶朴	Celtis bungeana	榆科	10	喜光、稍耐阴、耐寒、耐干旱、抗有毒气体、生长慢、寿命长	树形美观，树冠圆满，果单生叶腋，成熟时蓝黑色	园景树、庭荫树、行道树、风景林	
12	裂叶榆	Ulmus laciniata	榆科	27	喜光、稍耐阴、耐寒、较耐干旱瘠薄、适应性强	树形高大，树冠丰满，树干挺直，春季发芽早	庭荫树、园景树、行道树、风景林	
13	白桦	Betula platyphlla	桦木科	27	阳性、耐严寒、喜酸性土、耐瘠薄及水湿、速生	树姿优美，树干洁白，可分层剥下来	庭荫树、园景树、风景林	俄罗斯国树
14	水曲柳	Fraxinus mandshurica	木樨科	30	阳性、适应性强、耐寒、抗干旱、抗烟尘和病虫害能力强	树形圆阔，高大挺拔，树干端直	园景树、庭荫树、行道树、风景林	
15	花曲柳	Fraxinus rhynchophylla	木樨科	15	喜光、耐寒、对土壤要求不严	树冠卵形，树干通直，秋叶橙黄	园景树、庭荫树、行道树、风景林	
16	白蜡树	Fraxinus chinesis	木樨科	12	喜光、颇耐寒、耐盐碱、耐修剪、生长快、寿命长、抗烟尘	形体端正，树干通直，秋叶橙黄	庭荫树、园景树、行道树、风景林	
17	暴马丁香	Syringa reticulata var. mandshuica	木樨科	10	阳性、喜温暖、湿润、稍耐阴、有一定耐寒性	树冠优美，花白色，花序大而疏散，花期较晚，有异香	庭荫树、园景树、风景林	
18	旱柳	Salix matsudana	杨柳科	18	阳性、喜湿、耐旱、耐寒、根系发达、抗风能力强、生长快	树冠广卵圆形，发叶早、落叶迟	庭荫树、园景树、行道树、风景林	
19	馒头柳	Salix matsudana f.Umbraculifera	杨柳科	18	阳性、喜温凉气候、耐污染、速生、耐寒、耐湿、耐旱	树冠半圆形，分枝密，状如馒头	庭荫树、园景树、行道树、风景林	
20	垂柳	Salix babylonica	杨柳科	18	阳性、耐寒、耐水湿、生长迅速、寿命较短	树形优美，枝条细长，柔软下垂	庭荫树、园景树、行道树、风景林	
21	加杨	Populus candensis	杨柳科	30	喜光、颇耐寒、耐盐碱、贫瘠土地、生长快	树形优美，树干耸立，树冠卵形	庭荫树、园景树、行道树、风景林	
22	银白杨	Populus alba	杨柳科	30	阳性、耐寒、不耐阴、深根性、抗风力强、耐干旱气候	树形高耸，枝叶美观，幼叶红艳	行道树、风景林	

园林植物造景

续表

序号	中文名	学名	科名	高度/m	生态习性	观赏特征	景观用途	备注
23	新疆杨	Populus bolleana	杨柳科	30	喜光、不耐阴、耐寒、耐干旱、深根性、抗风力强、生长快	树冠窄圆柱形或尖塔形、树干耸立、叶片宽大	行道树、风景林	
24	紫椴	Tilia amurensis	椴树科	25	喜光、稍耐阴、耐寒性强、抗污染、深根性	树姿优美、枝叶茂密	园景树、庭荫树、行道树、风景林	
25	糠椴	Tilia mandshurica	椴树科	20	喜寒、喜冷凉湿润气候、深根性、不耐烟尘、怕污染	树冠广卵形至扁球形、树叶美丽、花黄色、芳香	园景树、庭荫树、行道树、风景林	
26	蒙椴	Tilia mongolica	椴树科	10	喜光、也耐阴、耐寒、深根性、生长速度中等	树姿优美、树皮红褐色、枝叶茂密、嫩叶红色、秋叶黄色	庭荫树、园景树	
27	复叶槭	Acer negundo	槭树科	20	喜寒、耐寒、耐旱、耐轻盐碱、生长快	树冠广阔、枝叶茂密、秋叶金黄	园景树、园景树、行道树、风景林	
28	金叶复叶槭	Acer negundo 'Aurea'	槭树科	20	喜阳、较耐寒、耐旱、生长能力极强	树冠广阔、叶金色、姿态优美	庭荫树、园景树、行道树	
29	美国红枫	Acer rubrum	槭树科	18	耐寒、耐旱、耐湿、生长快、可作防污染绿化树种	树型直立向上、树冠椭圆形或圆形、开展优美、秋叶红色	庭荫树、园景树、行道树、风景林	
30	五角枫	Acer mono	槭树科	20	弱阳性、喜温凉湿润气候及雨量较多地区	树姿优美、花叶同放、秋叶变亮黄色或红紫色	庭荫树、园景树、行道树、风景林	
31	元宝枫	Acer truncatum	槭树科	10	中性、喜温凉气候、深根性、抗风力强	树形优美、花黄绿色、秋叶黄色或红色	庭荫树、园景树、风景林	
32	茶条槭	Acer ginnala	槭树科	6	弱阳性、耐寒、抗烟尘	秋叶红色、翅果成熟前红色	庭荫树、园景树、风景林	
33	拧筋槭	Acer triflorum	槭树科	25	喜光、稍耐阴、耐寒、喜湿润肥沃土壤	树冠大、叶形美、秋叶红色	园景树、庭荫树、风景林	
34	假色槭	Acer pseudo-sieboldianum	槭树科	8	喜光、稍耐阴、耐寒、耐干旱	深秋叶变红色、紫红色	园景树、庭荫树、风景林	
35	鸡爪槭	Acer palmatum	槭树科	8	喜光、较耐阴、耐寒性不强、生长速度中等偏慢	树冠伞形、秋叶变红	园景树、庭荫树、风景林	
36	槲栎	Quercus aliena	壳斗科	30	阳性、稍耐阴、耐寒、耐干瘠薄、抗病虫害	树冠广卵形、叶形奇特、秋叶橙褐色、观叶树种	园景树、庭荫树、风景林	
37	蒙古栎	Quercus aliena	壳斗科	30	喜光、耐寒、耐瘠薄、抗病虫害	树冠阴圆形、秋叶橙褐色	庭荫树、园景树、风景林	

续表

序号	中文名	学名	科名	高度/m	生态习性	观赏特征	景观用途	备注
38	辽东栎	Quercus mongolica	壳斗科	15	喜光、耐寒、抗旱、耐贫瘠、多生于向阳山坡	树干通直、绿荫浓密、秋叶橙褐色	庭荫树、园景树、风景林	
39	稠李	Quercus wutaishanica	蔷薇科	15	喜光、稍耐阴、耐寒性强、不耐干旱瘠薄	树形优美、花白色有清香、果熟亮黑色、秋叶黄红色	庭荫树、园景树、行道树、风景林	
40	山桃稠李	Padus racemosa	蔷薇科	10	喜光、稍耐阴、耐寒性强、不耐干旱瘠薄、病虫害少	树皮光洁、铜红色、花白色有清香、果熟时亮黑色	庭荫树、园景树、风景林	
41	紫叶稠李	Prunus maackii	蔷薇科	15	喜光、在半阴生长环境下、叶片很少转为紫红色	叶片初为绿色、逐渐转为紫红绿色至紫红色	庭荫树、园景树	
42	大山樱	Prunus sargentii	蔷薇科	25	喜光、稍耐阴、耐寒性强、喜湿润气候及排水良好的肥沃土壤	树形美观、花大而色艳、呈蔷薇色、秋叶变橙色或红色	园景树、庭荫树、风景林	
43	山桃	Amygdalus davidiana	蔷薇科	10	喜光、耐旱、较耐盐碱、忌水湿	早春叶前开花、花粉白色、树皮暗紫色有光泽	园景树、风景林	
44	东北杏	Armeniaca mandshurica	蔷薇科	15	喜光、耐寒和耐干旱、耐瘠薄、耐轻盐碱	花先于叶开放、白色至淡粉红色	园景树、风景林	
45	紫叶李	Prunus cerasifera f.atropurpurea	蔷薇科	8	喜光、喜温暖湿润	常年叶片紫色、花淡粉白色	园景树	
46	海棠花	Malus spectabilis	蔷薇科	8	喜光、耐寒、耐旱、不耐阴、忌水湿	树态峭立、枝条红褐色、果黄色、球形	园景树、风景林	
47	王族海棠	Malus 'Royalty'	蔷薇科	8	喜光、耐寒、耐旱、不耐水湿、对土壤要求不严	树型直立、树冠圆形、向上、枝干、叶、果实均为紫红色	园景树	
48	山楂	Crataegus pinnatifida	蔷薇科	6	喜光、耐寒、耐干旱瘠薄、抗污染	花白色、秋红果	园景树、风景林	
49	苹果	Malus pumila	蔷薇科	15	阴性、喜冷凉干燥气候及肥沃深厚而排水良好的土壤	树冠圆形和短主干、花白色带红晕	园景树	
50	山梨	Pyrus ussuriensis	蔷薇科	15	喜光、耐寒、耐旱	花白色、秋季果近球形、黄色或绿色带红晕	园景树、风景林	
51	水榆花楸	Sorbus alnifolia	蔷薇科	20	喜光也稍耐阴、耐寒、耐旱、以湿润肥沃的砂质壤土为好	树冠圆锥形、主干通直、花白色、果红黄先变黄后转红、秋叶相同	园景树、庭荫树、风景林	

序号	中文名	学名	科名	高度/m	生态习性	观赏特征	景观用途	备注
52	山丁子	Malus baccata	蔷薇科	10	喜光，耐寒性极强，耐瘠薄，不耐盐，深根性，寿命长	树姿优雅，花繁叶茂，白花，绿叶，红枝互相映托，美丽鲜艳；果近球状，红色或黄色	园景树	
53	核桃楸	Juglans mandshurica	胡桃科	20	阳性，耐寒性强，深根性，抗风力强	树冠宽卵形，树干通直，果实球状、卵状或椭圆状	园景树、庭荫树、风景林	
54	白玉兰	Yulania denudata	木兰科	25	阳性，稍耐阴，颇耐寒，怕积水，生长慢	树冠球形，长椭圆形，花大而洁白、芳香，早春先叶而放	园景树、庭荫树、风景林	
55	天女木兰	Oyama sieboldii	木兰科	10	喜凉爽、湿润的环境和深厚、肥沃的土壤。适生于阴坡和湿润山谷、干旱和碱性土壤	叶膜质，花与叶同时开放，白色，基部常带粉红色	园景树	本溪市花
56	枣树	Zizuphus jujuba	鼠李科	10	强阳性，适应性强，寿命长	叶纸质，花黄绿色，果成熟后由红色变红紫色	园景树、庭荫树、风景林	
57	丝棉木	Euonymus maackii	卫矛科	6	喜光，稍耐阴，耐寒，耐水湿，抗污染	树冠圆形与卵圆形，枝叶秀丽，秋叶色变红，粉红色蒴果	园景树	
58	灯台树	Cornus controversa	山茱萸科	15	喜光，耐阴，喜湿润，生长快	树形整齐美观，叶纸质，花白色	庭荫树、园景树、风景林	
59	杜仲	Eucommia ulmoides	杜仲科	20	阳性，喜温暖湿润气候，较耐寒，适应性强，不择土壤	树干端直，枝叶茂密	园景树、庭荫树、风景林	
60	黄檗	Phellodendron amurense	芸香科	20	阳性，不耐荫蔽，耐寒，耐轻度盐碱，不耐干旱瘠薄	树皮木栓层发达，枝叶茂密，树形美观	庭荫树、园景树、风景林	
61	梓树	Catalpa ovata	紫葳科	15	喜光，耐寒，不耐干旱瘠薄，抗污染能力强，生长较快	树体端正，冠幅开展，叶大荫浓，秋冬荚果悬挂	园景树、庭荫树、行道树、风景林	
62	黄金树	Catalpa speciosa	紫葳科	10	喜光，稍耐阴，喜温暖湿润气候，不耐瘠薄与积水，深根性，根系发达，抗风能力强	树冠伞状，圆锥花序顶生，花冠白色，蒴果圆柱形，黑色	庭荫树、园景树、行道树、风景林	
63	栾树	Koelreuteria paniculata	无患子科	15	喜光，耐半阴，耐干旱，不耐水涝，抗烟尘	春季嫩叶多红色，夏花金黄，秋叶橙黄色	庭荫树、园景树、风景林	
64	文冠果	Xanthoceras sorbifolium	无患子科	5	喜光，半耐阴，耐严寒和干旱，对土壤适应性强，怕风，不耐涝	树姿秀丽，花序大而密，多白色芳香，夏开20余天	园景树	

3. 灌木

序号	中文名	学名	科名	高度/m	生态习性	观赏特征	景观用途	备注
1	沙地柏	Juniperus sabina	柏科	1	阳性、耐寒、极耐干旱、生长迅速	枝密、斜上伸展	地被、护坡及固沙树种	常绿
2	矮紫杉	Taxus cuspidata 'Nana'	红豆杉科	1～2	阴性、耐寒、耐修剪、怕涝、生长缓慢	半球状灌木、树形矮小、树姿秀美、终年常绿	庭院观赏、绿篱	常绿
3	小叶黄杨	Buxus sinica var. parvifolia	黄杨科	0.5～1	中性、耐寒性弱、抗污染、在阳光充足下生长得更紧密	生长低矮、枝条密集、叶光亮、薄革质	庭院观赏、绿篱	常绿
4	紫穗槐	Amorpha fruticosa	豆科	1～4	阳性、耐热、耐水湿、耐干旱瘠薄和轻盐碱土、抗污染	枝叶繁密、花暗紫	护坡固堤、林带下木	
5	树锦鸡儿	Caragana arborescens	豆科	2～6	喜光、较耐阴、耐寒、耐干旱瘠薄、忌积水、抗风沙	枝叶秀丽、花黄色	庭院观赏、绿篱	
6	八仙花	Hydrangea macrophylla	绣球花科	4	喜温暖、湿润和半阴环境	花色多变、初时白色、渐转蓝色或粉红色	庭院观赏	
7	连翘	Forsythia suspensa	木樨科	3	阳性、稍耐阴、耐寒、耐干旱瘠薄、不耐水湿	枝条弯曲下垂、早春先叶开花、花金黄色、且花期长、花量多	庭院观赏、绿篱	
8	东北连翘	Forsythia mandschurica	木樨科	1.5	喜光、耐半阴、耐寒、耐干旱瘠薄、喜湿润肥沃土壤	小枝开展、早春先叶开花、花金黄色、且花期长、花量多	庭院观赏、绿篱	
9	金钟花	Forsythia viridissima	木樨科	3	喜光、耐半阴、喜热、耐旱、耐湿、对土壤要求不严	枝条直立、微弯拱、花先叶开放、深黄色	庭院观赏、绿篱	
10	水蜡	Ligustrum obtusifolium	木樨科	2～3	喜光、稍耐阴、耐寒、适应性强、耐修剪	花白色、芳香、果黑色	庭院观赏、绿篱	
11	紫丁香	Syringa oblata	木樨科	5	阳性、稍耐阴、耐寒、耐旱、忌低洼积水	枝叶茂密、花呈紫色、美而芳香	庭院观赏	
12	红丁香	Syringa villosa	木樨科	4	喜光、喜温暖湿润的环境、对土壤要求不严	枝直立、粗壮；叶片上面深绿色、下面粉绿色；圆锥花序直立、花冠淡紫色、粉红色至白色	庭院观赏、绿篱	
13	什锦丁香	Syringa × chinensis	木樨科	5	阳性、喜暖湿气候、耐干旱瘠薄、耐寒、怕涝	枝弓形、常弯曲、花序大而疏散、花香、花冠紫色或淡紫色	庭院观赏、绿篱	
14	小叶丁香	Syringa pubescens subsp. microphylla	木樨科	2.5	喜光、也耐半阴、耐寒、耐瘠薄、忌酸性土、忌积涝	圆锥花序疏松、侧生浓紫红色、较细小、芳香	庭院观赏、绿篱	

续表

序号	中文名	学名	科名	高度/m	生态习性	观赏特征	景观用途	备注
15	珍珠绣线菊	Spiraea thunbergii	蔷薇科	1.5	阳性、喜湿润排水良好的土壤	枝条细长、呈弧形弯曲，花呈白色，早春繁华满枝，秋季叶变橙红色	庭院观赏、绿篱	
16	金焰叶绣线菊	Spiraea × bumalda cv.Gold Flame	蔷薇科	0.6～1.1	阳性、稍耐阴、耐寒、耐盐碱、耐旱、耐修剪	春季叶色黄红相间，夏季叶色绿、秋季叶紫红色，花玫瑰红色	庭院观赏、花篱	
17	金山绣线菊	Spiraea japonica 'Gold Mound'	蔷薇科	0.25～0.35	喜光、不耐阴、抗高温、耐旱、不耐水湿	新生小叶金黄色，夏叶浅绿色，秋叶金黄色；花玫粉红色	庭院观赏、花篱	
18	毛樱桃	Prunus tomentosa	蔷薇科	2～3	喜光、稍耐阴、性强健、耐寒、耐干旱瘠薄	白色或粉红色，花先叶开放，核果近球形、红色	庭院观赏、绿篱	
19	黄刺玫	Rosa xanthina	蔷薇科	2～3	阳性、稍耐阴、耐寒、耐干旱、怕涝、耐贫瘠、少病虫害	春天开花，花黄色且花期较长	庭院观赏、花篱、花墙	
20	月季	Rosa chinensis	蔷薇科	2	阳性、耐寒、耐旱、对土壤要求不严	花色丰富，花形多样、花期长	庭院观赏、盆栽	沈阳市花
21	东北珍珠梅	Sorbaria sobifolia	蔷薇科	2	阳性、耐阴、耐寒、对环境适应性强、生长较快、耐修剪	枝条开展，圆锥花序，花小而密、白色	庭院观赏	
22	水栒子	Cotoneaster multiflorus	蔷薇科	4	喜光而稍耐阴、对土壤要求不严、极耐干旱和瘠薄	枝条细瘦，常呈弓形弯曲；花多数、白色；果实近球形或倒卵形、成熟时红色	庭院观赏、绿篱	
23	金银忍冬	Lonicera maackii	忍冬科	6	喜光、而半阴、耐寒、喜湿润肥沃及深厚的土壤	花白色后变黄，初夏开花有芳香，浆果红色	庭院观赏、绿篱	
24	蓝叶忍冬	Lonicera korolkowii	忍冬科	3	喜光、稍耐阴、耐寒、耐修剪	茎直立丛生，枝条紧密，叶近革质、蓝绿色，花粉红色；果实鲜红	庭院观赏、绿篱	
25	接骨木	Sambucus williamsii	忍冬科	6	喜光、也耐阴、较耐寒、忌水涝、抗污染性强、适应性强	花小，白色成淡黄色，秋果红色	庭院观赏	
26	风箱果	Physocarpus amurensis	蔷薇科	3	喜光、也耐半阴、耐寒性强、要求土壤湿润，但不耐水渍	小枝幼时紫红色，老时灰褐色，花白色	庭院观赏、绿篱	
27	金叶风箱果	Physocarpus opulifolius 'Lutea'	蔷薇科	1～2	喜光、耐寒、耐旱、耐瘠薄、在弱光环境中叶片呈绿色，少见病虫害危害	初生叶片为金黄色，夏至秋季叶为黄绿色，秋末叶黄、红相同色；花白色	庭院观赏、绿篱	

续表

序号	中文名	学名	科名	高度/m	生态习性	观赏特征	景观用途	备注
28	紫叶风箱果	Physocarpus opulifolius 'Purpurea'	蔷薇科	2～3	喜光，耐寒，生长势强，不择土壤	整个生长季枝叶一直是紫红色，顶生伞形总状花序，花白色	庭院观赏、绿篱	
29	锦带花	Weigela florida	忍冬科	3	喜光，耐阴，耐寒，耐贫瘠土壤，怕水涝，病虫害少，生长迅速	枝条开展，花色艳丽，花期长	庭院观赏、绿篱	
30	红王子锦带花	Weigela 'Red Prince'	忍冬科	3	喜光，也稍耐阴，耐寒，耐旱，忌水涝，生长迅速，耐修剪	枝条开展成拱形，花鲜红色，极其繁茂	庭院观赏、绿篱	
31	红瑞木	Cornus alba	山茱萸科	3	喜光，耐寒，喜湿润土壤，比较耐修剪	冬季茎枝紫红色，花白色或淡黄白色，果红白色，秋叶红色	庭院观赏、绿篱	
32	木槿	Hibiscus syriacus	锦葵科	3～4	阳性，喜温暖气候，稍耐阴，不耐寒，耐干旱贫瘠土壤	夏秋开花，花期长而花朵大，花色丰富	庭院观赏、花篱	
33	紫叶小檗	Berberis thunbergii 'Atropurpurea'	小檗科	1～2	喜光，耐半阴，耐寒；有阳光时，叶色方呈紫红色；不耐水涝	幼枝紫红色或暗红色，叶常年紫红，秋果红色	庭院观赏、绿篱	
34	卫矛	Euonymus alatus	卫矛科	1～3	喜光，稍耐阴，对气候和土壤适应性强，能耐干旱，耐瘠薄和寒冷	聚伞花序，白绿色，蒴果椭圆状或蒴椭圆状，橙红色	庭院观赏、绿篱	

4. 草本花卉

序号	中文名	学名	科名	高度/m	生态习性	观赏特征	景观用途	备注
1	三色堇	Viola tricolor	堇菜科	10～40	一、二年生或多年生草本	花径3.5～6 cm，每花常见紫、白、黄三色	庭院观赏、片植、花境	
2	雏菊	Bellis perennis	菊科	10	多年生或一年生矮小草本	头状花序单生，直径2.5～3.5 cm，常见红、粉、白色	庭院观赏、片植、花境	
3	万寿菊	Tageles erecta	菊科	50～150	一年生草本	头状花序单生，径5～8 cm，花黄色或暗橙色	庭院观赏、片植、花境	
4	矮牵牛	Petunia × hybrida	茄科	15～80	一年生草本	花期长达数月，花冠喇叭状，花色丰富	庭院观赏、片植、花境	
5	一串红	Salvia splendens	唇形科	90	草本或亚灌木状	轮伞花序，组成顶生总状花序长达20 cm或以上，花色丰富	庭院观赏、片植、花境	

序号	中文名	学名	科名	高度/m	生态习性	观赏特征	景观用途	备注
6	石竹	Diantbus chinensis	石竹科	30~50	多年生草本	花单生枝端或数花集成聚伞花序，花色丰富	庭院观赏、片植、花境	
7	宿根福禄考	Phlox drummondii	花荵科	15~45	一年生草本	圆锥状聚伞花序顶生，花色丰富	庭院观赏、片植、花境	
8	鸢尾	Iris tectorum	鸢尾科	50	多年生草本	叶长15~50 cm，宽1.5~3.5 cm，花蓝紫、粉、黄色，直径约10 cm	庭院观赏、片植、花境	
9	萱草	Hemerocallis fulva	阿福花科	60~100	多年生草本	圆锥花序具6~12朵花或更多，花色橙红色至橙黄色	庭院观赏、片植、花境	
10	玉簪	Hosta plantaginea	天门冬科	40~80	多年生草本	顶生总状花序，花白色，芳香	庭院观赏、片植、花境	
11	卧茎景天	Sedum sarmentosum	景天科	9~18	多年生肉质草本	枝较细弱，匍匐而节上生根，聚伞花序，花黄色	庭院观赏、片植、花境	
12	八宝景天	Sedum spectabile	景天科	30~50	多年生肉质草本	叶肉质，伞房花序密集如平头状，花序径10~13 cm，花色丰富	庭院观赏、片植、花境	
13	落新妇	Astilbe chinensis	虎耳草科	50~100	多年生草本	全草皱缩，圆锥花序，花密集，淡紫色或紫红色	庭院观赏、片植、花境	
14	马蔺	Iris lactea	鸢尾科	60~80	多年生草本	花为浅蓝色、蓝色或蓝紫色	庭院观赏、片植、花境	
15	大花铁线莲	Clematis patens	毛茛科	—	多年生草质藤本	单花顶生，径7~12 cm，乳白色或淡黄色	攀缘篱栅、凉亭	
16	黑心菊	Rudbeckia hirta	菊科	60~100	一年生或二年生草本	头状花序，2.5~5 cm，紫褐色花心隆起，周边瓣状小花金黄色	庭院观赏、片植、花境	
17	小冠花	Securigera varia	豆科	25~50	多年生草本	伞形花序，花朵众多，或淡红色、粉红色，匍匐生长	庭院观赏、片植、花境	
18	郁金香	Tulipa gesneriana	百合科	10~50	多年生草本	花单生茎顶，大型，直立杯状，花色丰富	庭院观赏、片植、花境	
19	铃兰	Convallaria keiskei	天门冬科	18~30	多年生草本	花白色，长宽各5~7 mm，浆果直径6~12 mm，熟后红色	庭院观赏、片植、花境	

续表

序号	中文名	学名	科名	高度/m	生态习性	观赏特征	景观用途	备注
20	大丽花	Dahlia pinnata	菊科	150～200	多年生草本	头状花序大，宽6～12 cm，花色丰富	庭院观赏、片植、花境	
21	耧斗菜	Aquilegia viridiflora	毛茛科	15～50	多年生草本	花序具3～7朵花，花色丰富	庭院观赏、片植、花境	
22	荷花	Nelumbo nucifera	莲科	—	多年生水生草本	叶圆形，盾状，花单生，高托水面之上，花直径10～20 cm，花色丰富	美化水面	
23	睡莲	Nymphaea tetragona	睡莲科	—	多年生水生草本	叶漂浮、薄革质或纸质，花单生，浮于或挺出水，花色丰富	美化水面	

参考文献

［1］臧德奎. 园林植物造景［M］.2 版. 北京：中国林业出版社，2012.

［2］周道瑛. 园林种植设计［M］. 北京：中国林业出版社，2008.

［3］卢圣. 图解园林植物造景与实例［M］. 北京：化学工业出版社，2011.

［4］雷琼，赵彦杰. 园林植物种植设计［M］. 北京：化学工业出版社，2017.

［5］刘国华. 园林植物造景［M］. 北京：中国农业出版社，2019.

［6］李耀健. 园林植物景观设计［M］. 北京：科学出版社，2013.

［7］北京林业大学园林系花卉教研组. 花卉学［M］. 北京：中国林业出版社，2002.

［8］尹吉光. 图解园林植物造景［M］. 北京：机械工业出版社，2011.

［9］田旭平. 园林植物造景［M］. 北京：中国林业出版社，2012.

［10］窦小敏. 园林植物景观设计［M］. 北京：清华大学出版社，2019.

［11］王红兵，胡永红. 屋顶花园与绿化技术［M］. 北京：中国建筑工业出版社，2017.

［12］苏雪痕. 植物景观规划设计［M］. 北京：中国林业出版社，2012.

［13］宁妍妍，段晓鹃. 园林植物造景［M］. 重庆：重庆大学出版社，2014.

［14］屈海燕. 园林植物景观种植设计［M］. 北京：化学工业出版社，2013.

［15］朱红霞. 园林植物景观设计［M］. 北京：中国林业出版社，2021.

［16］佳图文化. 屋顶花园［M］. 广州：华南理工大学出版社，2013.

［17］赵世伟. 园林植物种植设计与应用［M］. 北京：北京出版社，2006.